大展好書　好書大展

品嘗好書　冠群可期

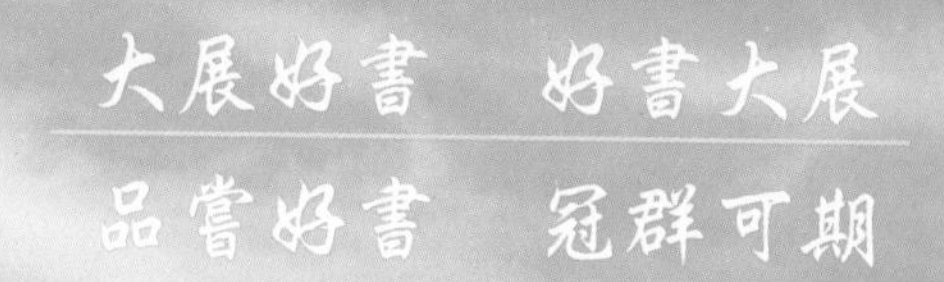
大展好書　好書大展
品嘗好書　冠群可期

家庭醫學保健

4

30歲以上的懷孕與生產

李芳黛／編著

☆☆☆☆☆☆☆☆☆☆☆☆☆☆☆☆☆☆☆☆☆☆☆☆☆☆☆☆☆

前　言

恭喜妳懷孕了。讀者當中，應該有不少人結婚多年才懷孕吧！妳意識到自己已經超過三十歲了嗎？

如果照初產婦平均年齡為二十九歲來看，應該可以安心，不過比起二十五歲左右的產婦，在體力及各方面仍稍微差了一點。

但是，只要定期接受產檢，加上本身生活規律，這些差異是可以克服的，甚至不少人還比年輕產婦生產過程順利。

本書針對初產婦應該了解的基本問題進行解說。夫妻倆適合一起閱讀，重要項目應多讀幾遍，如果仍感覺不安心，請立刻就診。我們並非對三十歲以上孕婦特別看待，但三十歲以上的確必須多加注意。

請妳將本書當成朋友，陪妳渡過愉快的妊娠期，分娩是很辛苦的工作，歷經這段期間的苦難後，妳必能享受更多喜悅。

請期待胎兒降臨之日。

☆☆☆☆☆☆☆☆☆☆☆☆☆☆☆☆☆☆☆☆☆☆☆☆☆☆☆☆☆

目錄

第二章　恭喜妳懷孕了（懷孕初期）

第三章　胎兒穩定（懷孕中期）

第四章 迎接生產（懷孕後期）

第五章　終於要生產了

第六章　重要的產褥期

第七章　新生兒

第一章　安心迎接三十歲之後的懷孕與生產

什麽是三十歲初產？

三十歲初產並不是什麽特別的事

我們常聽說，二十歲之前生第一胎最好，但隨著時代的進步，三十歲以上高齡初產婦逐漸增加。不少女性擔心：「三十歲之後生小孩是不是很困難？」

三十歲之後生產，真的有危險嗎？二十九歲生產安全，到了三十歲就突然有危險嗎？

△誰決定高齡產婦的年齡？

高齡產婦這個名詞並無法確定從何時開始出現的，那麽，醫學上定幾歲之後為高齡產婦呢？

現在WHO（世界衛生組織）定三十五歲以上，日本也定三十五歲以上初產婦為高齡產婦。隨著生活環境的改善、醫學的進步等水準提高，三十五歲生產和二十幾歲生產已經沒有明顯差別，雖然普遍認為三十五歲以上生產必須格外留意，但三十五歲左右的女性並不用太過神經質，這是國際共通的認識。不過日本婦產科學會是到最近才視三十五歲以上為高齡產婦，之前一直都以三十歲為基準。

「過了三十歲就算高齡產婦，所以三十歲以前生第一胎最好」的說法就是這麼來的。

△三十五歲之前和二十幾歲一樣嗎？

那麼，未滿三十五歲的產婦，也能像二十幾歲的產婦一樣生產嗎？

高齡產婦危險問題之一的嚴重妊娠中毒症，的確以三十五歲以上發生率爲高，而三十～三十五歲的發生率與二十幾歲相比，並沒有明顯增加跡象。先天異常及流產等的發生率，三十五歲之前也和二十幾歲差不多。

不過雖說如此，也不是指一切都和二十幾歲相同。妊娠計畫進行不順利、分娩時間太長等狀況，往往好發生於三十歲以上孕婦，所以還是得注意。

△高齡產婦增加

由於女性高學歷、晚婚現象愈來愈普遍，以及頂客族增加等社會變化，使得三十歲以上初產婦比十年前約增加二倍。

高齡產婦應該更加注意遵守醫師的指導，平安渡過懷孕期與分娩。

何謂WHO？

WHO是 World Health Organization 的簡稱，名為「世界衛生組織」。這是設於一九四六年，以保健衛生問題為目的的國際專門機構。其宗旨為「西元二〇〇〇年以前，讓世界每個人都擁有健康身體」。活動領域包括傳染病撲滅、公共衛生提高、確立痲藥規則、環境衛生問題等等。最近也致力於愛滋病預防治療。

綜觀三十歲的懷孕與生產

精神面成熟是三十歲婦女的大利多

過了三十歲才懷孕、生產，的確比二十歲緊張多了，但也並不是所有三十歲之後才生產的女性都會遇到困難。而且，也沒有報告指出，因為近來三十歲以上孕婦比例增加，因此問題增多。

由於三十歲女性在精神面已經成熟，所以只要了解、自覺困難的兆候，應該就能以正確方法應付，因此首先應從掌握正確知識問始。

△超過三十歲就難產？危險？

一般而言，過了三十歲，在體力方面一定比十幾二十歲來得衰退，當然，因懷孕、生產的關係，身體機能也會產生變化。

•**懷孕率降低：**三十二歲之前為六〇％，三十三～三十四歲為四〇％、三十五歲以上為一〇%以下。因此，三十歲之後才懷孕的女性，應視為最後機會。

•流產：生育年齡愈大，則流產機率愈高，這主要原因是染色體異常受精卵增加之故，另外併發症的增加也會導致流產。

•妊娠中毒症：隨著高齡化所引起的肥胖、成人病，很容易造成妊娠中毒症，而且往往是重症。

•正常分娩率低：隨著高齡化而來的肌力、體力降低，分娩時間往往拖長，這也是由於骨盆關節、產道堅硬所造成的，因此，往往不得不利用分娩促進劑、吸盤、鉗子、剖腹等方法。

△卵子也不新鮮

卵子在女性誕生之時，已經以卵母細胞之形進入卵巢，隨著女性的成長，卵母細胞逐漸減少、變形。換句話說，二十五歲懷孕時是二十五年的卵子、三十歲懷孕時是三十年的卵子，隨著卵子保存期間的增長，新鮮度相對降低，而呈老化現象。

•唐氏症容易發生：由於卵子老化造成受精卵染色體異常，導致胎兒罹患唐氏症的機率增加。二十歲孕婦一〇〇〇人中有一人，三十五歲則三〇〇人中有一人，四十歲為一〇〇人中有一人，隨母體高齡化而激增。這和男性精子場合類似，精子與卵子不同，並非生下來即具備，而是逐漸產生，但是製造受精卵的精子，與男性年紀有關係。唐氏症罹患率從男性超過四十五歲後開始增加，五十五歲發生率約為二十～三十歲的二倍。女性高齡初產的場合，其伴侶也多為高齡，最好了解這一點。

△生產適齡期非由年齡決定

三十歲以上懷孕、生產，並非只有緊張的一面，在肉體方面，並非所有女性都隨年齡而老化，不少女性身心均比年齡來得年輕。

另外，精神面的成熟也是三十歲女性的大利多，她們擁有十幾二十幾女性所缺乏的「穩重」，應該更會應付生產這件大事。醫療技術的進步也是三十歲婦女的一大福音，請愉快地迎接生產。

三十歲之後的懷孕、生產Q&A

Q：三十歲以後生產，會因生產時間長而造成難產嗎？

A：受分娩時年齡影響所考慮的問題有以下二項。首先是胎兒通過之產道。產道分為骨產道，以及覆蓋在外的軟產道，由於軟產道伸縮情況欠佳，以致於出現陣痛不強的微弱陣痛，胎兒不容易產出，造成生產時間延長，而必須利用鉗子及吸盤。但依個人狀況而異，不少三十歲以上產婦並無此現象，因此並不可一概而論高齡產婦一定會因生產時間長而難產。

Q：三十歲比二十歲體力差，一樣能順利生產嗎？而且育兒不是也需要相當體力嗎？

A：實際生產時，也有十九歲的產婦比較容易疲倦的情況。事實上，精神力、穩重度比體力更重要，育兒時也以母親的心情最重要，三十歲以上婦女，在資訊吸收、調節情緒方面都比較有餘裕，即使體力稍微差一點，也不會造成育兒上的困難。

Q：三十歲以上婦女產下唐氏症兒的機率高嗎？或者嬰兒體質會較弱？

A：形成胎兒的卵子，在母體誕生時即已具備，卵子的年齡與母親一起增加，因此，產下先天異常兒的可能性是比較高。然而，年輕產婦所產下的嬰兒也一樣有這方面的問題，並非一〇〇％一定能產下健康兒。因此，奉勸高齡產婦至醫院接受羊膜穿刺檢查，經過此項檢驗，即可了解腹中胎兒狀況。並沒有資料顯示，三十歲初產婦產下先天異常兒的比率增加。另外，母親年齡與胎兒體力也沒有正面關係。

Q：懷孕後繼續工作可以嗎？

A：三十歲以上孕婦仍繼續工作的情形很普遍，但最重要的是不要讓工作影響到懷孕。只要避免工作過度勞累、上下班顛峰時間通勤、加班、產前產後適度休息，即不妨礙妊娠及生產。

Q：常聽人說懷孕後應注意飲食，請問三十歲孕婦應特別注意什麼？

A：最重要是營養均衡、控制鹽分攝取、預防貧血、避免高熱量食品等等。不限於高齡產婦，任何年齡孕婦都必須注意飲食控制，只不過三十歲以上孕婦必須多考慮到妊娠中毒等併發症，所以應該特別注意鹽分及熱量的攝取。

Q：高齡產婦生產後，是不是體形較不易復原？

A：懷孕、生產後的女性煩惱問題之一，便是體形變化的問題。三十歲之後，由於新陳代謝衰退，所以不僅是產婦，一般婦女都有容易發胖跡象，請特別注意飲食生活、產後運動、內衣種類等等。體形是否能復原，不是年齡問題，而是本人節制問題。

Q：三十歲以上比較容易流產或早產嗎？

A：染色體異常的胎兒藉流產而自然淘汰，的確有隨孕婦年齡而增加的趨勢，但由於醫療技術進步，所以不必過於擔心。

Q：高齡產婦的妊娠中毒症會影響胎兒嗎？

A：三十歲以上孕婦不得不注意妊娠中毒等併發症，因妊娠中毒引起的胎盤早期剝離，會導致胎盤在胎兒生產前即剝離，造成死產。

隨著孕婦年齡增加，本身病症即增多，因此請母體多注意健康。

懷孕、生產的過程

吸收正確知識快樂迎接生產

從母親卵巢排出的卵子，與父親的精子在母親的輸卵管中結合（受精），形成胎兒之基礎，即「受精卵」。這個受精卵在輸卵管壁的絨毛中慢慢移動，大約三天後即進入子宮。

在這期間，受精卵持續細胞分裂、成長，形成「囊胚」，進入子宮內的囊胚，大約經過六天時間，即進入子宮內膜，開始從母體攝取營養，這稱為「著床」，亦即妊娠的開始。

△妊娠的成立與胎兒的成長

著床時的受精卵，呈可以辨識部分與不明顯形狀的「胎芽」狀態。「受胎」的胎芽繼續成長，即形成「胎兒」。

受精卵可能因異常而流產，也可能因輸卵管障礙，無法順利到達子宮而引起子宮外孕。因此，從受精卵著床於子宮內膜開始，才稱為「懷孕」。

懷孕初期的受精卵，藉著絨毛吸收養分，四個月左右，在子宮內形成「胎盤」，以「臍帶」與胎兒相連。胎兒藉由臍帶吸收母親血液中的氧，並將廢物排至母親血液中，這種現象稱為「子宮胎盤循環」。母親則將自己和胎兒的廢物一起排出體外。

因此，為了胎兒健康發育，母親必須擁有新鮮、營養的血液，母體的健康狀態，對體內胎兒影響甚大，請母親務必注意健康。

胎盤隨著胎兒的成長而增大，懷孕後期直徑約二十公分、厚約二•五公分、重五〇〇～六〇〇公克。胎兒產下後，胎盤即自然排出體外。

△生產的過程、分娩

生產的過程稱為「分娩」，讓我們來看看分娩的原理及過程。

當子宮完成生產準備時，「陣痛」即會逐漸增強，這是規則的子宮收縮，子宮頸隨著陣痛而張開，胎兒徐徐下降，等子宮頸張開十公分左右，胎兒頭部即至陰道出口附近，母親自然用力後，胎兒即順利產下。歷時約三十分鐘至二小時。

生產時的陣痛很重要，母體產道、骨盆的寬度、子宮頸的硬度、陰道的伸縮狀況，都會影響生產過程。另外，胎兒身體的大小，以及通過產道時的體位，也是重要因素，而為了讓胎兒通過產道，母親最後關頭的使力也是一大重點。

△懷孕的徵兆及注意點

遇到以下身體變化，也許妳已懷孕了。

- 月經停止
- 嘔吐
- 基礎體溫持續高溫狀態
- 乳房漲
- 乳頭痛、黑

當自覺懷孕後，請注意以下事項

- 沐浴時的姿勢
- 彎腰的姿勢
- 避免提重物
- 避免壓迫腹部
- 避免久坐

三十歲之後懷孕，請盡早確定、注意日常生活。

關於「胎盤」

胎盤是懷孕後在母體子宮內形成的圓盤狀組織塊。首先，從著床於子宮內腹的受精卵，隨著絨毛蠕動進入子宮內膜，形成圓盤狀，當懷孕四個月時，便完成直徑十五～二十公分、厚二～三公分左右的胎盤。臍帶分為二根臍動脈與一根臍靜脈，母親及胎兒透過血液吸取營養及排泄廢物。這時候，胎盤即擔負供給氧及養分、製造荷爾蒙、防止有害物質侵害胎兒等任務。

懷孕週數與預產期

何時生產的日期計算

到醫院產檢時，醫師通常會告訴妳「至今懷孕六週又五天」。

△懷孕週數計算法1

懷孕週數表示最後月經的第一天，至診察日止的週日數。例如最後月經來潮日是一月一日，診察日是二月十日，則一月八日為一週〇天、十五日為二週〇天、二十九日為四週〇天、二月五

懷孕期間概況

月	週		月	週	
第	0	最後月經	第	20	
1	1		6	21	胎動
個	2	排卵・受精	個	22	
月	3	著床	月	23	
第	4		第	24	
2	5		7	25	
個	6	嘔吐	個	26	
月	7		月	27	
第	8		第	28	
3	9		8	29	
個	10		個	30	
月	11		月	31	
第	12		第	32	
4	13		9	33	
個	14		個	34	
月	15		月	35	
第	16		第	36	
5	17		10	37	預產期
個	18		個	38	
月	19		月	39	

日為五週〇天、二月十日為五週五天，依此方式計算。

△懷孕週數計算法2

懷孕週數一般以方法1計算，但最近WHO提倡滿週數算法。

△依月曆計算預產期

以方法1為基礎，四週為一個月計算預產期。

懷孕期間為受胎起二八〇天，如果一月一日為最後月經開始日，則預產期為十月七日。

從月曆上看，滿四十週即為預產期。

△依計算導出預產期

這也是一個簡便方法。「月數減3（負數場合則加9）、日數加7」即可。以前例計算

月數：1＋9＝10

日數：1＋7＝8

則預產期為十月八日。

依此計算方法，與月曆計算法有二～三天的誤差，不要太在意。

△其他各種方法

以上所述是以月經週期二十八天者的最後月經日期來計算，另外還有子宮大小計算法、嘔吐計算法。嘔吐計算法是感到嘔吐開始的二五〇天為預產期，但這個方法不太正確。其他也有胎動計算法、基礎體溫曲線計算法、超音波斷層法等等。

胎兒並非一定會在預產日期誕生，預產期只是個預定的日期，從依月曆法計算出的預產期來看，前後二週生產都算正常。以前例十月七日為預產期時，九月二十四日至十月二十一日之間均可能生產。

何謂「基礎體溫」

基礎體溫是避開影響體溫的各種條件所測的體溫，對於女性而言，基礎體溫的變化是月經週期的特徵，因此，基礎體溫可應用於測知月經週期、調節受孕、診斷子宮、卵巢疾病等等。尤其懷孕初期可從基礎體溫得知受孕，這是因為一旦懷孕，則排卵後會持續高溫，由此得知已經受孕。

圖解懷孕行事曆

月	1個月	2個月	3個月	4個月	5個月
週	0 1 2 3	4 5 6 7	8 9 10 11	12 13 14 15	16 17 18 19
時期	初期				
胎兒的發育	 ★如桑椹果實般的受精卵。	 ★手腳等部位開始形成。	 ★得知男女性別。	 ★胎盤完成。	 ★胎毛、頭髮開始形成。
母體的變化及建議	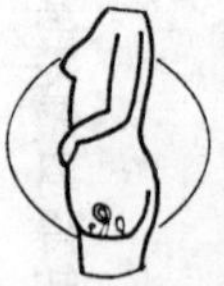 ★尚無自覺症狀。 ★基礎體溫持續高溫相。 ★月經週期遲二週以上時，請立即到醫院檢查。	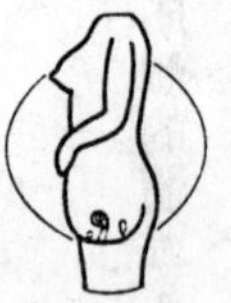 ★月經中止。 ★感覺想嘔吐。 ★乳房、下腹、腰部腫脹。 ★至婦產科初診。 ★注意身體變化。 ★避免激烈運動、動作。	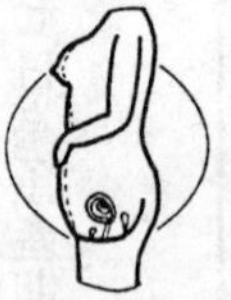 ★分泌物增加。 ★腹部腫脹。 ★缺乏食慾。 ★注意流產。	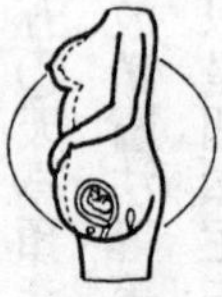 ★停止嘔吐。 ★基礎體溫下降。 ★下腹部突起。 ★注意均衡飲食。	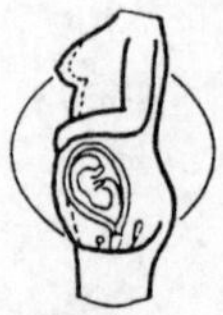 ★乳汁分泌。 ★體重增加。 ★請繫腹帶。 ★按摩乳房。 ★以超音波確認胎兒心跳。

10個月	9個月	8個月	7個月	6個月
39 38 37 36	35 34 33 32	31 30 29 28	27 26 25 24	23 22 21 20
後期			中期	
 ★長出頭髮、指甲。	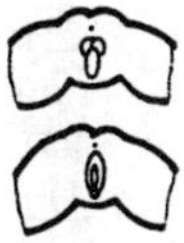 ★性器形成。	 ★胎毛減少、皮膚變紅。	 ★大腦皮質發達。	 ★眉毛、睫毛開始形成。
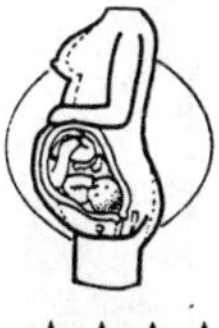 ★抬起腳跟。 ★子宮收縮一日數次。 ★分泌物增加。 ★胃的壓迫感解除。	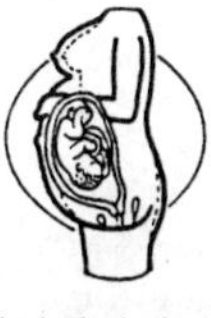 ★全身膨脹。 ★小便次數增加。 ★陰道分泌物增加。 ★有時會分泌初乳。 ★胃有壓迫感。 ★前驅陣痛出現。	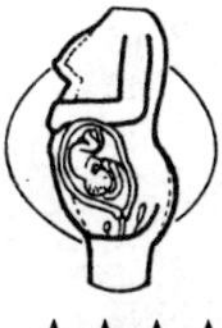 ★乳頭、外陰部色素增加。 ★腳部出現靜脈瘤。 ★注意體重異常增加。 ★由於胎位容易變化，請注意動作。	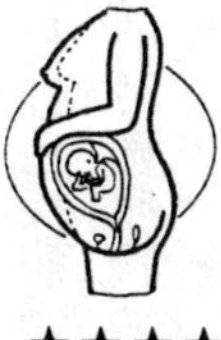 ★容易發生腰痛、背痛。 ★妊娠紋出現。 ★腳腫、抽筋等症狀出現。 ★注意站起時頭部暈眩。	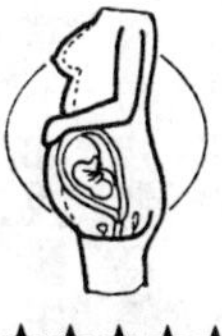 ★持續安定期。 ★能自覺胎動。 ★食慾增加。 ★注意體重增加、貧血、便秘。 ★適度運動。

關於遺傳

請至醫院與醫生商量

父傳子、子傳孫的特性就是遺傳。胎兒承受來自父母親的遺傳因子，遺傳因子的組合均不相同，每個人都具有獨特的遺傳特質。

△有遺傳病的顧慮時

值得擔心的遺傳是異常敏感性體質，以及容易罹患疾病體質、先天疾病等。異常敏感及虛弱體質，可藉出生後環境、飲食生活習慣改善而減輕症狀。其他與遺傳有關的疾病，也因醫學發達，而有各種因應對策。

如果你心中有任何疑慮，與其一個人擔心，還不如找醫生商量。

遺傳因子有二種，雙親遺傳因子成對時，遺傳力強者為優性遺傳因子（必須以何種形成出現）、弱者為劣性遺傳因子（具備某種條件才出現）。

常染色體遺傳的場合，會帶來疾病的遺傳因子是優性時，遺傳機率為二分之一，這稱為「常染色體優性遺傳」，在成長過程中，會在各種時期出現，但也有不出現的情況，即健康人，這是遺傳因子隱藏起來之故。裂手、裂腳、先天性白內障、囊腎、丹洛症候群等等，即屬於此。

另一方面，會造成疾病的遺傳因子為劣性時，只有成對遺傳因子均帶有疾病的場合才會發病，這稱為「常染色體劣性遺傳」，在某種機率下，有出現的可能性，例如，先天性聾、小頭症、白皮症、鐮形紅血球貧血、副腎性器症候群等等代謝異常。

△有關Rh（－）型血液

紅血球分為A、B、O與Rh型，細分為A、B、AB、O、Rh（＋）與Rh（－）。Rh（－）型女性懷孕，容易產下嚴重黃疸嬰兒。

伴性劣性遺傳（色盲的情形）

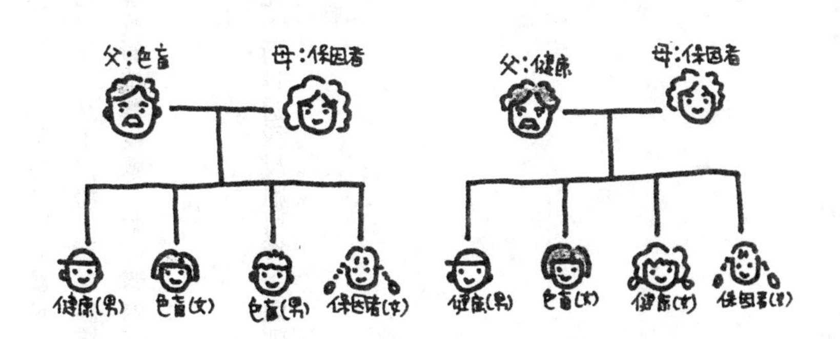

Ｒｈ（－）女性與Ｒｈ（＋）男性結合所產下的嬰兒，由於（＋）為優性，所以是Ｒｈ（＋）。Ｒｈ（＋）紅血球經過胎盤進入母親血液中，母體會對（＋）產生抗體，而這個抗體隨胎盤進入胎兒體內，會破壞Ｒｈ（＋）的紅血球，這是一種抗原抗體反應，胎兒體內紅血球持續被破壞，終於出現嚴重黃疸，發生貧血。

這些溶血反應為致命性，常見於歐美國家，應做好預防措施。

但國內Ｒｈ（－）人數少，所以發生溶血反應的事件很罕見，而且這種反應可從驗血中得知，請Ｒｈ（－）者必須定期接受檢查。

值得注意的疾病及其治療法

三十歲之後應格外注意

三十歲以上婦女懷孕，疾病發生頻率高，所以應具備足夠知識與應對方法。

△流產是因為胎兒體質弱？

流產當然會發生在任何年齡層的懷孕婦女，但三十歲以上高齡比率增加是事實。體內胎兒本身體質弱，或者染色體異常，是流產的主因，因為三十歲以上孕婦容易懷這種胎兒，自然流產率也高。

通常三十歲以上婦女流產，都是從出血開始，而且多半治療後仍無效果。但可以經由超音波診斷胎兒是否平安。

△即使小徵兆也不可忽視！

高血壓、尿蛋白、浮腫是妊娠中毒的三大症狀，雖然發生原因不明確，但判斷是母體因妊娠負擔而失調，腎臟、血管機能不能適應所引起的一種中毒症狀。

三十歲以上的婦女，不但在體力上不及二十歲女性，隨著年齡增加而來的肥胖及成人病也逐漸出現，因此容易引起妊娠中毒。

一旦母親罹患妊娠中毒，會造成胎盤機能低下，影響胎兒發育，嚴重時甚至會威脅到母親生命。早期發現可利用安靜及食療法治療，如果有疑似症狀，請立刻就醫。最重要的是預防重於治療。

△子宮肌瘤

子宮肌瘤是形成於子宮肌肉上的良性腫瘤。多半發生於沒有懷孕、生產經驗的女性身上，三十歲女性發生率為二十％，可說機率相當高，由於沒有自覺症狀，所以往往到懷孕後才知道。因此，三十歲以上初產婦，常見子宮肌瘤的合併症。

肌瘤發生於子宮內時，必須以流產結束懷孕，若是懷孕初期以超音波聽得見胎兒心跳，則判斷為子宮外側肌瘤，這時不能以手術切除。

隨著懷孕的進行，稱為雌激素的荷爾蒙作用會使子宮肌瘤增大，有些肌瘤會附著在子宮壁上，但若有妨礙胎兒產出的情形時，就必須進行剖腹生產。

△唐氏症可由檢查得知

三十歲以上初產婦，最擔心的就是唐氏症，而且隨著年齡增加，嬰兒先天異常的發生率也高。唐氏症是染色體異常之一，症狀為智能發展遲緩、對感染的抵抗力弱、內臟異常等。

懷孕十二～十五週可經由絨毛檢查得知，十二～二十週可經由羊水染色體檢查得知，但並非能夠檢查出一切異常，而且即使安全性高，也並非完全沒有危險。先天異常胎兒多半在懷孕初期自然淘汰。

不可忽視的其他疾病

預防母子感染

母子感染是指母親受細菌感染後，因懷孕、生產使得胎兒也感染。

△母子感染有三種

①胎內感染：懷孕期間經由母親的胎盤使得胎兒感染。
②產道感染：分娩時，胎兒通過母親產道過程中感染。
③分娩後，經由母乳或母體體液使嬰兒感染。

隨著醫學的進步，因細菌造成的感染減少，但新型濾過性病毒增加，即使母親無自覺症狀，仍然會對胎兒造成重大影響。

△性行為感染症（STD）

性行為感染症（ＳＴＤ）是經由性行為而感染的疾病，母親感染後，形成胎兒流產、早產，或新生兒疾病的原因。懷孕後應接受檢查。

由於是經由性行為而感染，所以夫妻必須一起接受治療，妻子至婦產科，丈夫至泌尿科治療。梅毒、淋病、軟性下疳、鼠蹊淋巴肉芽瘤等性病可利用抗生物質控制而減少，但疱疹、衣原體（Chlamydia）等新型濾過性病毒則陸續出現侵犯人體。

最近流行的話題愛滋病、Ｂ型肝炎等，也是ＳＴＤ之一。

△主要感染病症及其對策

德國麻疹：母體在懷孕初期罹患德國麻疹，會造成流產、早產，或導致新生兒罹患先天性德國麻疹症候群（心臟畸型、眼睛異常、重聽等等）障礙。一生只要罹患一次德國麻疹，即可終身免疫。預防接種也是有效預防方法，但懷孕期間不可接種牛痘。缺乏德國麻疹免疫抗體者，在懷孕初期應特別注意避免感染。

流行性感冒：懷孕中女性罹患流行性感冒，容易併發肺炎，引起早產、流產。

梅毒：懷孕期間感染梅毒，容易發生流產、早產，以及產下先天梅毒兒，但若是數年前罹患梅毒，並治療痊癒，則對胎兒幾乎沒有影響。產前檢查一定要進行梅毒血清反應測試，早期發現早期治療。

衣原體（Chlamydia）：受衣原體傳染性微生物（Chlamydia trachomatis）感染，男性會出現非淋菌性尿道炎、女性則出現子宮頸管炎。由於女性症狀輕微，所以多半不會注意到，也因此使胎兒通過產道時，感染角膜炎或結膜炎，甚至併發肺炎，必須特別注意。

弓形體病：寄生在豬、家畜身上的弓形體原蟲，一旦進入母體後，便經過胎盤往胎兒移動，造成流產、早產、死產等。

性器疱疹：疱疹濾過性病毒，會使性器上出現大量水疱，造成發燒或淋巴腺瘤。胎兒若經由產道感染則形成新生兒疱疹，所以應在分娩前確定是否感染，若已感染則利用剖腹產。

陰道念珠菌：念珠菌在陰道繁殖，造成陰道發炎。胎兒若經由產道感染，會罹患皮膚念珠菌症或鵝口瘡。這是在懷孕期間很容易治癒的疾病，但也很容易再度發生，必須格外注意。

尖圭濕疣：濾過性病毒在性器上感染，因此很可能發生產道感染，胎兒經過產道後會罹患咽喉良性腫瘤，應在分娩前治療。

畸形與先天異常

嬰兒與生俱來的異常，誠屬悲哀。

說到新生兒之異常，從外形可見之畸形，到外在看不出的畸形，以及從手術可治癒的異常，到無法存活的異常，種類非常繁多。

畸形、先天異常的原因，包括遺傳、環境、遺傳因子或染色體異常，以及複合原因等等，但很難確定清楚原因。雖然雙親均無遺傳疾病，也沒有感染症或服用藥物，並且凡事十分小心，卻仍可能產下異常兒。

這些畸形在懷孕期間能得知多少呢？經由超音波檢查、絨毛檢查、羊水檢查、血液檢查、X光檢查等，可發現不同程度的異常。

例如，頭蓋骨形成不良，則即使出生也無法存活，為異常之無腦兒，這可從超音波檢查得知。對於重大的外表畸形，大致上均可由超音波檢查發現，但短指、兔唇等異常，均必須多費些時間才能察覺。此外，像唐氏症這種染色體異常，則非經由絨毛檢查或羊水檢查無法得知。

德國麻疹可經由血液檢查得知。檢查項目衆多，請與醫師商量。

得知懷孕後，必須注意日常生活，並接受定期產檢，安心迎接生產。

須經主治醫師許可才能懷孕的疾病

與主治醫師商量

生產對母親身體而言是一大負擔，懷孕之前所罹患的疾病，會對孕婦造成不良影響，而且也許本來不明顯的疾病，會因懷孕而使病情惡化。因此，懷孕前的病歷應詳細告知婦產科醫生。

△關於妊娠併發症

心臟病：懷孕時，血液平常增加約三成，子宮擴張則血液循環不佳，而且生產對心臟造成很大的負擔，即使沒有心臟病的女性，在懷孕時都會感到心悸、呼吸不暢，何況是平時即有心臟病症狀的人，更應該與醫生商量後再懷孕。如果可以懷孕，也必須選擇有心臟科與婦產科的醫院。

高血壓：懷孕前即有高血壓的人，會因懷孕而使得血壓更升高，由於胎盤機能正常，所以可接受食餌療法等高血壓的治療後生產。懷孕後才出現高血壓者，是妊娠中毒的徵兆，尤其是原本就有高血壓的人，一旦併發妊娠中毒，很可能情況非常嚴重。生產時若血壓再度上升，則應利用催生劑、鉗子、剖腹等方法處置，以免生產時間拖長而發生危險。

糖尿病：這是遺傳性疾病，家族如有糖尿病遺傳，則在懷孕時一定會出現，糖尿病孕婦容易罹患妊娠中毒，而且容易產下巨嬰，這種巨嬰的生命力弱，可能在生產前後死亡。本來就有糖尿病的女性，請與醫生商量後再懷孕，若是懷孕後才出現糖尿病，則可利用食療法努力控制血糖值。

腎臟病：腎臟病患容易引起妊娠中毒，而且多半很嚴重，有時必須中止懷孕。懷孕前安定的腎臟病，也可能因懷孕而情況惡化。有腎臟病的女性，請在懷孕前接受腎臟機能檢查，以決定是否懷孕，而在懷孕中也必須接受醫生指導。

盲腸炎：盲腸在懷孕期間也可以切除，不會影響到胎兒，本來用藥物控制的人，很多因懷孕而復發，因此在懷孕前切除較安心。

氣喘：嚴重氣喘病患必須嚴格控制發作，因為氣喘發作容易造成流產、早產。現在氣喘已有藥物控制，只要不到空氣不良場所、充分休息，即可像一般產婦一樣自然生產，並非一定得剖腹產。

慢性肝炎：懷孕時，胎盤會放出大量類固醇荷爾蒙，造成肝臟極大負擔，即使本來沒有肝炎的人，懷孕時也可能出現黃疸，本來就有肝炎者，很可能因懷孕而使病情惡化。如果食療法仍無法改善，就必須放棄懷孕，請依照醫生指示。

慢性腎臟炎、膀胱炎：輕微的慢性腎臟炎，只要注意日常生活即可懷孕、生產。膀胱炎或腎盂炎則最好確定治療完全後再懷孕，這二者的再發率高，而且懷孕時對細菌的抵抗力弱，所以很容易罹患。情況嚴重是造成流產、早產的原因。請儘量多喝水，並且注意隨著保持外陰部的清潔。

卵巢囊瘤：卵巢囊瘤的自覺症狀很少，因產前檢查而發現的例子很多。以前都是一發現即割除，現在由於超音波診斷確實，能夠看清楚腫瘤模樣。貯瘤囊腫這種積水，可能會在懷孕4個月時自然消失，但如果發生抽筋、激烈疼痛的話，就必須用手術切除。手術很簡單，麻醉也不會影響胎兒，而且還有另一個卵巢，所以下次一樣可以懷孕。另一種皮樣囊瘤，是在卵巢內與皮膚混合的情況，這一定得藉手術切除。不論是哪一種手術切除，生產時都不必進行剖腹產。

貧血：貧血是血液中血紅素量比平常值少的狀態，與日常所說的腦貧血不同。懷孕期間，由於胎兒吸收鐵分成長，所以孕婦容易貧血，一旦發生貧血則容易引起妊娠中毒，嚴重時會妨礙胎兒成長，形成未熟兒、虛弱兒。因此，飲食上應注意鐵質的攝取，也可以服用鐵劑補充，並定期接受檢查。尤其在懷孕初期即確認為重度貧血者，必須治療才能利生產，否則在生產時，就非得依賴輸血不可了。

B型肝炎：引起肝炎的濾過性病毒，分為A型、B型、非A非B型等三種。其中無自覺症狀，母親為帶原者，在懷孕、生產時，胎兒經由胎盤、臍帶感染者，就是B型。在懷孕初期的血液檢查中，即可得知是否為B型肝炎帶原者，如果結果呈陽性，則必須依照醫生指示，進行避免將此肝炎傳染給胎兒的預防措施。罹患B型肝炎者，不可輸血給他人，也要避免疲勞。

甲狀腺機能亢進：這是甲狀腺機能活潑、甲狀腺荷爾蒙分泌過剩而造成的甲狀腺腫大疾病，原因不十分清楚，多發生於二十～三十歲女性。發病時間短，全身症狀多，醫生從症狀判斷，決定治療法，日常生活必須遵照醫生指示。孕婦除了按時服藥外，還必須保持肉體、精神平靜，避免過度疲勞。

愛滋與生活

稱為後天性免疫不全症候群，患者的血液及體液感染會有ＨＩＶ（免疫不全濾過性病毒）的病毒而引發的疾病。一旦發病則身體失去抵抗力，全身均會陸續感染病毒、細菌，幾乎所有人在一～五年內會死亡，是一種相當恐怖的疾病，其感染途徑幾乎均由輸血、性行為而來，應盡可能提高警覺。

母體若感染愛滋，則胎兒藉由胎盤、產道、血液、母乳而感染的可能性極高，很可能一出生即成帶原者。經由血液檢查，即可得知有無抗體，但馬上感染並無法立刻檢驗出抗體。

另外，現在輸血均經嚴格檢查，萬一出生時必須接受輸血，也不用擔心感染愛滋。原則上，感染ＨＩＶ的母親，會產下感染ＨＩＶ的嬰兒。

何謂「食療法」

為了治療代謝異常、消化器官等內臟疾病、肥胖等等，改善調節日常飲食內容及飲食方法，即稱為「食療法」。罹患高血壓、糖尿病後，除了每日服藥之外，接受醫師建議之飲食指導，也是食療法之一。在懷孕、生產過程中，如罹患妊娠中毒症，則需照醫師指示，進行避免攝取過多鹽分的食療法。這和服藥不同，必須一段時間後症狀才會改善。

何謂「減感作療法」

減感作療法是異常敏感體質的治療法之一。一開始定期注射少量抗原，然後慢慢增加劑量，使身體對於抗原的過敏性降低。這是使異常體質對於原因物習慣的方法。最近過敏體質兒童增加，許多母親均極擔心，並非完全沒有治療方法，而是必須依照小孩情況與醫生商量後，決定最適合的方法。

如何選擇醫院？

希望妳選擇能夠安心生產的醫院

三十歲以上懷孕、生產，母體方面需要較多的醫療幫助，而事實上，三十歲以上初產婦，現在一般醫院已視為普通生產，只要孕婦與醫生維持良好信賴關係，即可安心待產。

△綜合醫院、教學醫院、婦幼醫院

綜合醫院是指診療科目在七科以上，病床二十張以上，附有研究設施的大型醫院。由於科別齊全，比較適合有併發症的孕婦。但由於規模比較大，在交流方面比較困難也是事實。教學醫院本來就是大學醫學院的研究設施之一，具備最高水準醫療設備，如果遇到必須動緊急手術，也能立即應付。

婦幼醫院是婦產科與小兒科專門醫院，可使產婦安心生產，但如果有其他合併症時，在聯絡其他專科醫生方面較為不便。

△婦產科診所

這是固定由一位醫師看診的小型醫院，醫生與產婦之間能維繫良好信賴關係，如果遇突發事件，也可立即送至大型醫院。

△三十歲以上產婦如何選擇醫院

選擇醫院時，以從母親懷孕、生產，以至於新生兒成長至乳幼兒之一貫過程，均能在同一家醫院完成為理想。以下列舉幾項重點供各位參考。

- 是否得到大衆好評。
- 醫院距離自家遠近。
- 醫生對於問題能清楚回答嗎?
- 醫療設備、護理人員是否齊全。
- 與自己期望的生產方式配合嗎?
- 費用是否在預算範圍。

懷孕、生產是一種生理現象，並非疾病，但也不可輕忽身體各種反應。

初診之種種

儘早接受檢查

幾乎所有人都不太在意地渡過懷孕初期，往往到了下個月月經延遲之後，才發覺有異，甚至有些人沒有出現嘔吐等反應，所以也不認為自已已經懷孕了。另外，有些人月經延遲是常事，所以絲毫沒有懷孕的心理準備。懷孕初期是些微刺激即可影響胎兒的重要時期，盡早確定懷孕，母體才能盡早進行健康管理。當月經延遲二週以上時，請立即至醫院檢查。

△初診時的注意事項

服裝：診察時，應著上下身均可輕易接受檢查的服裝，裙裝比褲裝合適，前開款式又比套頭衣服來得方便，前開式洋裝最佳。

攜帶物品：如果妳平常有測量基礎體溫，則請隨身攜帶，提供醫生參考。

事前準備：就診前一日最好沐浴乾淨，但為了避免細菌感染等不容易發現，所以局部地方只要用清水沖洗即可。

其他：臉色的好壞也是判定的方法之一，請避免濃妝。另外，由於必須進行內診，所以最好避免飯後立刻就診。

△問診項目

問診項目如下。

①最後月經開始日，②月經週期及狀態，③結婚年齡（已婚者），④初潮年齡，⑤丈夫或伴侶的年齡，⑥過去懷孕、生產、流產等經驗，⑦罹患疾病（擔心合併症），⑧現在健康狀態，⑨藥、酒、煙使用情形，⑩近親的健康狀態（擔心遺傳因素疾病）。

醫生均有守秘的義務，所以請務必照實回答，不可隱瞞。

△驗尿得知懷孕

驗尿立刻可以得知是否懷孕，因為一旦懷孕，則從胎盤絨毛組織分泌出的絨毛性黃體素荷爾蒙，會與尿液混合。

△從觸診及內診確定懷孕

觸診是用手觸摸乳房、子宮，確定乳房狀態及子宮形狀。

內診是醫生用手指伸入陰道內，以了解子宮及陰道的狀態。熟練的醫生可經由內診得知子宮位置及大小、形狀、硬度，從而了解懷孕狀況，異常等各種現象。

△初診即可看見胎兒

有些醫院在初診時，即利用超音波得知胎兒在母體內的姿態。

初診時，不但可看出子宮的大小、胎囊（胎兒所在的袋子）、胎芽（懷孕初期的胎兒），有時也可發現子宮肌瘤或卵巢囊瘤。

得知懷孕後，必須盡早實施的檢查有好幾項，有些在初診時就必須檢查，列舉如下：

- 量身高、體重。
- 檢查血液。
- 量血壓。
- 檢查尿液（尿蛋白與糖尿）。

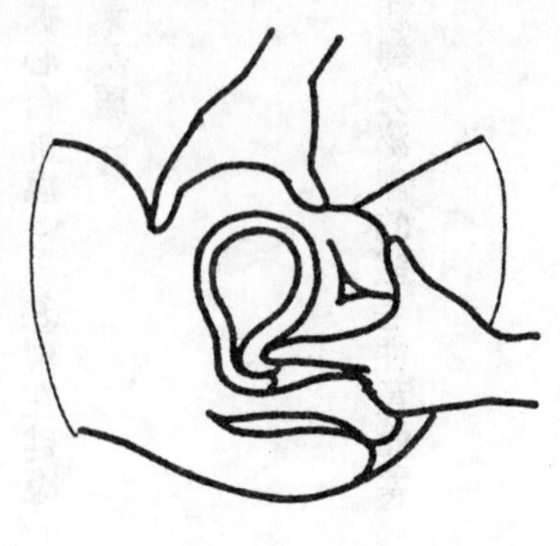

內診方法

醫師用手指伸入陰道內，另一隻手夾住子宮，檢查子宮大小、形狀、柔軟度等等，以判斷有無異常。

驗孕劑

最近市面上販售不少種類驗孕劑，這些均是利用檢視尿液中有無絨毛性黃體素荷爾蒙反應，以判斷是否懷孕，基本原理與婦產科所使用的驗孕方法相同。這種絨毛性黃體素是懷孕後才會從胎盤分泌出來，所以尿液中出現此反應，即可判定為懷孕。但自己是否能正確判斷是個問題，因為妳無法得知子宮外孕及妊娠併發症等異常，所以最好還是請醫生檢查。

各種分娩法

妳希望使用哪一種方法生產?

三十歲初產婦，一定都希望依照自己希望的分娩法順利分娩，但並非所有醫院都準備各種分娩法，這點在選擇醫院時應注意。

請和醫師商量後選擇最適合的分娩法。

△自然分娩與拉馬茲法

快生產時，子宮會反覆收縮引起陣痛，子宮口隨著陣痛而張開，胎兒便隨破裂的羊水從產道滑出。這種生理現象稱為自然分娩。

但為了嬰兒頭部容易產出，也為了避免會陰裂傷，所以通常會用剪刀將會陰剪開。

拉馬茲法：這是加入使自然分娩痛楚減緩的補助動作，特徵如下：

①使孕婦充分了解生產過程。

②練習配合陣痛的呼吸法。
③要有靠自己用力自然生產的覺悟。
④丈夫在旁陪伴。

其中以呼吸法為重點，請接受醫生指導後自己不斷練習。

其他補助動作：按摩法、喘息＋呼吸法、壓迫法（指壓）等等。

以上均有助於自然分娩更爲順利。

△無痛分娩與和痛分娩

使分娩痛楚減輕的分娩方法，稱為和痛分娩，腹式呼吸等拉馬茲法即為其中之一。

除此之外，還有進行催眠、中國針灸痲醉以減輕痛楚的方法，但必須在專門醫院進行。

為了讓產婦不感覺疼痛，可以利用鎮靜劑、局部痲醉、全身痲醉等方法，只要使用正確，並不會對胎兒造成危害。

只不過採取此法的醫院有限。

△剖腹產

當母體骨盆太狹窄、胎兒不易從產道產出，或者胎兒位置不正確時，就必須進行割腹產。亦即切開母親的腹壁及子宮壁，將胎兒取出。

現在醫療技術進步，剖腹產非常安全，但仍然是一種手術，所以最好是在無法自然分娩時才採用。

△人工分娩

胎兒的迴旋異常或母親微弱陣痛，會將分娩時間拖長，當母親過度疲勞、體力不支時，胎兒也可能呈假死狀態而有生命危險。

吸引分娩：胎兒頭部下至產道，只要再出來一點就可以的時候使用。

這是利用真空吸盤將胎兒吸出的方法。

胎兒頭部也許會出現吸盤痕跡，不久後即會自然消失。

鉗子分娩：胎兒頭部在產道附近時，將產科鉗子伸進產道，夾住胎兒頭部拉出。由於是夾住側頭部，所以不必擔心頭部變形。

△計畫分娩

妊娠併發症會對母親或胎兒造成不良影響時、產婦希望在何時生產時，均可擇日生產。

可利用催生劑促進子宮收縮。

△其他分娩法

座位分娩：這是採取坐姿分娩的方法。由於準備道具容易，已成為今世紀的主流生產法。由於分娩姿勢與地心引力相配合，所以有胎兒容易產出的優點。歐美使用此法的女性逐漸增加。

水中分娩：當子宮口開的時候，泡在溫水池中進行分娩。優點是在水中可使全身鬆弛，而且身體可以自由移動。

自家分娩：這是不到醫院，而請助產士來家接生的方法。現在一般人均在醫院生產，但三十年前則多半請助產士來家中接生。

近來希望在家中自然生產的人增加不少。

何謂「破水」

破水即生產時胎胞破裂、羊水流出。隨著陣痛的出現，子宮不停地收縮，裝羊水的卵膜壓力增高，卵膜從子宮壁上剝離，擴充至子宮口，這就是胎胞。子宮口打開、胎胞破裂、羊水隨即流出，胎兒才能經由潤滑的產道產出。然而，也有子宮口未開，而發生破水的情形，這稱為前期破水。

必須進行的檢查

為了自己與胎兒，妳必須接受檢查

懷孕期間必須接受的檢查不少，從初診開始至定期產檢，內容包含眾多項目。三十歲以上初產婦，還必須進行合併症狀況檢查、羊水檢查等。

△懷孕初期應該接受的檢查

從血液檢查項目可得知許多現象。可能發生併發症或母子感染的疾病，可藉此早期發現、早期因應。

- **貧血檢查**：懷孕初期與後期各檢查一次，如有必要，懷孕中得隨時檢查。
- **血型檢查**：為了解母子間血型不適合的可能性，應檢查雙親血型。
- **梅毒血清反應**：檢查母親是否感染梅毒，若是母親已經感染梅毒，則必須以抗生素治療，以防止胎兒受母親感染。

・**HB抗原檢查**：檢查B型肝炎濾過性病毒的有無，若檢查呈陽性反應，則必須進一步詳細檢查，判斷母親會傳染給胎兒時，出生後應立即為胎兒接種B型肝炎免疫球蛋白。

・**德國痲疹抗體檢查**：對於疑似懷孕初期罹患德國痲疹者尤其重要。一旦確定懷孕，即應檢查有無德國痲疹抗體。

・**弓形體抗體檢查**：接觸貓、狗等寵物，或吃生肉可能感染了形體病時必須接受檢查。

・**ATL濾過性病毒檢查**：可能感染ATL（成人T細胞白血病）濾過性病毒時應接受檢查。

以上均由抽血檢查。

另外，懷孕初期接受STD（性行為感染）檢查更可安心。

・**膣內分泌物檢查**：母親有罹患STD的可能性時，必須再用顯微鏡詳細檢查，如果發現STD，則應盡早治療。

尿液檢查也是懷孕初期必須檢查的重要項目。

・**尿液檢查**：為了了解母親是否罹患腎臟炎、糖尿病，必須檢查尿液中有沒有蛋白質及糖質，這也可能檢查出妊娠中毒症。

△定期產前檢查

隨著胎兒的成長，母親的身體也會產生變化，尤其是出現併發症的人，產前檢查就更重要了，請務必定期接受醫生檢查。

〔定期檢查的時間〕

- 二十七週（七個月之前）　四週一次
- 二十八～三十五週（八～九個月）二週一次
- 三十六週（十個月）　每週一次

〔每次必須檢查項目〕

- 尿道檢查：每次必須檢查尿液中的蛋白及糖質，懷孕末期確定有無尿路感染。
- 量血壓：為了提早發現妊娠中毒症的徵兆，必須每次量血壓。
- 量體重：並非懷孕之後，怎麼胖都可以，肥胖會影發妊娠中毒及難產，不得不小心，尤其三十歲以上初產婦更應注意。
- 超音波檢查：從懷孕中期開始，每次都要接受超音波檢查，聽胎心音，確定胎兒發生狀況。
- 子宮底、腹圍檢查：從懷孕中期開始，每次都必須從外側檢查子宮大小變化情形，以確認胎兒發育是否順利。

・其他：醫生看子宮口，對於發現流產、早產有助益，也可確認母體浮腫程度是否會發生妊娠中毒。

〔懷孕期間必須檢查一次〕

・乳房檢查：為了產後授乳，必須檢查乳房形狀及乳腺發達與否。

・骨盤推測：確定初產婦女可否經由陰道生產。

・牙齒健診：確定母親牙齒狀態是否良好。

△三十歲以上初產婦應瞭解的檢查

除了這些檢查之外，三十歲以上初產婦還應該接受其他精密檢查。

〔超音波斷層診斷〕

利用超音波，使子宮內模樣映在畫面上，由於超音波本來就是自然界中之物，不像X光會發生副作用。分為腹部利用探子映出反射波的經腹反應，以及將探子伸入陰道內，映出子宮模樣的經陰道反應兩種。

由於診斷正確性極高，所以有任何疑慮者，均可在懷孕初期及中期各檢查一次，其他有必要確定母親及胎兒狀態時，都可利用此法。

〔羊水檢查〕

這是在羊水增多的十七～十八週時，抽取母體內羊水檢查染色體是否有異常。首先，利用超音波裝置確定胎兒、胎盤的位置，找尋羊水最豐富之處，接著以注射針刺入二十ml左右吸取羊水。由於實施局部麻醉，所以不會感覺疼痛。

另外，從抽出的羊水中培養細胞，在細胞分裂途中使之停止、攝影，觀察每一個細胞的染色有無異常，約三週後可知結果。

由於檢查安全性高、結果正確，所以有染色體異常顧慮的人，應該接受此項檢查。三十歲以上的初產婦經由此檢查即可安心生產。

〔絨毛檢查〕

採集子宮內絨毛進行培養，檢查染色體有無異常。這在懷孕八～九週即可診斷，而且二

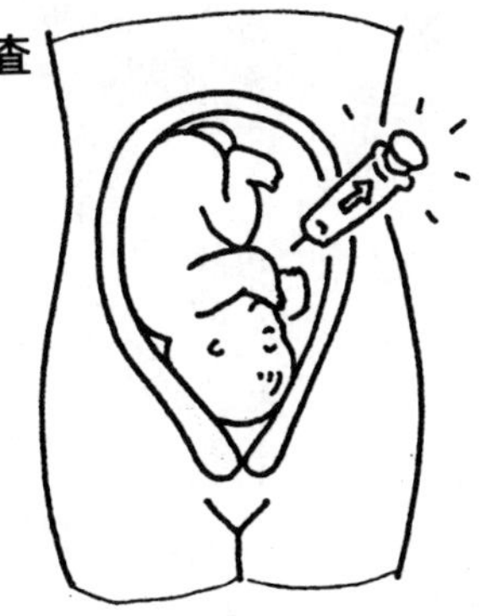

絨毛檢查

週即可知道結果。方法是在超音波裝置的畫面引導下，從陰道插入一根細管，進入子宮內採集絨毛細胞。

只要技巧熟練，不必擔心任何傷害，由於比羊水檢查更早期，所以此法逐漸普遍。

〔ＡＦＰ檢查〕

ＡＦＰ就是α粒子，是從胎兒肝臟分泌出的一種物質，透過羊水進入母親血液中，所以採取母親血液，即可檢查出ＡＦＰ濃度。

此濃度依妊娠週數而異，十六～十八週最高，三十週左右也會增加，但ＡＦＰ值太高，則也許是中樞神經系統有缺陷，必須進一步抽取羊水檢查。只不過多胎也會使ＡＦＰ數值偏高，此時利用超音波斷層法即可區分。

三十歲懷孕、生產的心理準備

請在親友祝福與協助下生產

三十歲初產婦，各人背景均不相同。

即使在體內方面、生殖機能上比不上二十幾歲，但生產並非全視體內生殖機能，只要心理準備充分，一定可以順利生產。

△務必成功的三十歲初產

〔醫療〕：在生產技術方面，現代進步的醫療設備及技術是產婦的一大福音。

・注意舊症及併發症：必須注意懷孕之前的舊病惡化，或引起其他併發症，高血壓、貧血都很容易造成流產或妊娠中毒，希望先和醫生商量後再決定是否懷孕。另外，使用避孕器的人也應該先和醫師商量後，再決定懷孕時期。

・選擇值得信任的醫生及醫院：對於三十歲初產婦而言，醫療設備很重要，應該盡早選擇醫生與醫院，任何不適都要與醫生商量。

•定期產檢：懷孕期間的母體異常狀況。只要早期發現，幾乎都可早期治療，防止病況惡化，所以一定得定期產檢。

〔工作〕：三十歲以上女性，很多都是職業婦女，希望妳在周圍人的諒解下，平安渡過孕期。

•公司方面的諒解：避免加班、過重工作、顛峰時間通勤。

•產後休養：為了恢復體力，產後充分休息絕不忽略。

〔生活〕：家人的協助。

•家事：請家人協助家事，孕婦必須充足的睡眠及休息，飲食也很重要。

•運動：適度運動。不動及過度運動都有害。

在周圍的體諒與協助下，妳一定可以平安渡過懷孕期與生產期。

懷孕期間的煙、酒

胎兒毫無防備

體內胎兒以臍帶與母親相連。

母親的血液成分不加過濾地流入胎兒體內，因此進入母親體內之物也會直接影響胎兒。尤其是懷孕初期，胎兒體內各器官逐漸形成，煙酒會造成極大影響。

△控制懷孕期間飲酒

酒精中毒的母親，會產下酒精症候群的小孩。

這是由於母親在懷孕期間飲酒過度，酒精對胎兒造成影響，使身體發育、精神發達遲緩。換句話說，母親飲酒時，胎兒也在飲酒。

懷孕期間飲酒量多，與長期飲用一般量酒，結果是一樣的，請孕婦在懷孕期間一定要控制飲酒量，戒酒是最佳選擇。

△避免抽煙

抽煙對健康有害，這是世界均有的共識。懷孕期間抽煙，會對胎兒造成重大影響，因此請孕婦戒煙。

香煙中所含的尼古丁會使末梢血管收縮，減少運送至胎兒氧、營養的血液量，因此很容易引起流產、早產、未熟兒、先天異常等。

周圍人抽煙也會對孕婦造成影響，所以請周圍人協力禁煙。

計畫懷孕

計畫懷孕有必要

現代人普遍晚婚，即使二十多歲結婚，也多半將重心放在工作、夫妻享樂上，無視懷孕適齡期。

在這股潮流中，三十歲以上婦女，就比較注意健康、職業、經濟等生活型態的規劃，計畫生育幾個小孩，也是重要內容。

雖然並非計畫何時懷孕就可如願懷孕，但考慮夫妻二人生活方式，計畫何時懷孕仍然很重要。

懷孕將女性束縛？

雖然生育小孩是一種喜悅，但也有些女性不願工作、遊藥就這樣被限制住了。

但現在的社會環境，已經容許女性產後繼續工作，雖然離理想還有一段距離，但只要妳有工作意志，就可能繼續工作。

在托兒機構發達的今天，即使妳想出去「玩一玩」，也應該沒問題。另一方面，我認為養育小孩的時間有限，在這麼長的一生中，撥出幾年專心育兒，不也是一種生活方式嗎？只是一生中的一小段時間而已。

計畫之外的懷孕

大概有人在沒有預期下懷孕之後，心想「糟糕，怎麼辦？」請妳不要隨便就選擇人工流產，因為生命是神聖的，請妳尊重這個小生命。尤其初次懷孕就墮胎，對母體影響很大，而且很難保證妳以後可以如願懷孕。另外年齡也是考慮重點。

最佳年齡為何？

過了三十歲以後，身體方面已經十分成熟，所以愈早懷孕愈好，而且年齡愈大，肉體負擔愈大、產後體力恢復愈慢。結婚之後，一定不少人會問：「什麼時候生寶寶？」生育是對另一個生命的一種責任，請夫妻倆一定得仔細思考。另外，不少母親會想趕快生第二個，但育兒與生產都需要體力，最好間隔二年以上。

第二章

恭喜妳懷孕了（懷孕初期）

胎兒與母體的變化

懷孕初期是胎盤完成的重要時期。就在妳半信半疑中，小生命已在逐漸成長。

月	1個月				2個月	
週	0	1	2	3	4	5
胎兒成長	就在妳還不確定自己是不是已經懷孕了的時候，肚子裡的小生命已經開始成長。最後月經的第一天，懷孕週數為〇週。排卵受精成立後，大約一週左右，受精卵在子宮內膜著床，開始從母體吸收營養、成長。懷孕滿三週，胎兒只有數㎜，出現脊髓基礎的神經溝，還不具備動物形。				滿二個月時，胎兒身高約三公分，體重約四公克，頭與胴體有別，接近人形。手看得出來手指原形，眼、耳、口的形狀也漸	
母體的變化	排卵是在第二週，受精卵著床是在一週後，呈懷孕狀態則在第三週之後。幾乎所有人都無自覺症狀，但也有些人感覺特別熱、昏昏沈沈的、想睡覺，而且乳頭敏感，有些人乳房漲的情形和月經前一樣。子宮大小無變化，如雞蛋般大。				月經停止，大部分人均察覺到自己懷孕了。基礎體溫持續高溫至十四週~十九週。就診確定懷孕。	

4個月	3個月	
15　14　13　12	11　10　9　8	7　6
滿四個月時，胎兒身高約十八cm，重約一二〇g身高是上個月的二倍，體重為上個月的六倍。內臟各器官幾乎完成，利用超音波可聽見胎心音。體毛增加，可辨識男女，骨骼、肌肉發達。胎兒手腳經常活動。胎盤完成，從母體吸收營養，在母親體內逐漸長大。	三個月末，胎兒身高約九cm，體重約二十公克。利用超音波斷層法，可了解胎兒的心跳、體形、手腳活動狀現。腳膝、腳踝明顯區分，頭部占全體二分之一大，眼睛也有睫毛，鼻子、嘴巴等形狀出現，像個人形。內臟也很發達，腎臟、尿管已完成，可以進行排泄作用。外性器雖已完成，但肉眼無法區別男女。	漸形成。四週時，心臟開始跳動，肝臟、胃、腸等也形成，六〜七週腦部急速發達。可用超音波確定胎兒的心跳。絨毛慢慢增殖，開始準備做胎盤。
子宮大小如胎兒頭部。腹部稍微突起、乳房漲大、分泌物增加。滿四月後，嘔吐情況緩和，逐漸恢復食慾，注意營養均衡、充分休息。基礎體溫下降，低溫持續至生產。	子宮大小如握拳，但腹部突出不明顯。膀胱受子宮壓迫，會出現頻尿、便秘、下痢等不適症狀。嘔吐高峰期。會感覺想打嗝、胸悶，依個人體質不同，也有人不會嘔吐。乳房愈來愈漲，乳頭顏色也變深。	嘔吐症狀出現，另外頻尿、乳房脹、乳頭敏感、容易疲倦等懷孕徵兆，一樣接一樣出現。子宮的大小如鵝蛋，腹部大小無變化。

定期產檢

產檢做些什麽？

當初診確定為懷孕後，醫生便告訴妳：「○週後再來產檢。」就這樣一直到生產，均須定期至醫院接受產前檢查。藉此確定母體健康及盡早發現異常兒。通常產檢時間如下：

- 懷孕二十七週之前，四週一次
- 懷孕二十八～三十五週，二週一次
- 懷孕三十六～四十週，每週一次

以上為一般情形，如果發現異常或有合併症的人，應診次數應增加。

△產檢注意事項

從懷孕至生產，大約須進行十次產檢，所以必須和醫師維持信賴關係。有任何疑問，最好隨時記錄，於產前檢查時向醫生請教。

服裝以容易穿脫者為宜，身體保持清潔。

△定期產檢內容

各醫院稍有不同，大致檢查項目如下：

〔內診〕

以陰道鏡或手指伸入陰道內，診察內性器，這是初診時必須診察的項目，往後則視情況而定。

預產期接近時，為了瞭解子宮口張開情形，必須進行內診。

〔尿液檢查〕

檢查有無尿蛋白或糖尿。糖尿有助於早期發現糖尿病，尿蛋白則可早期發現妊娠中毒。

〔量血壓〕

對於早期發現妊娠中毒有助益。最高血壓一四〇、最低血壓九〇以上，則疑為妊娠中毒。

〔量體重〕

檢查體重增加是否正常，尤其得注意過度肥胖。

〔量腹圍、子宮底長〕

腹圍是肚臍周圍，子宮底長是從恥骨上端至子宮上端的長度，由此得知子宮及胎兒大小是否標準。

利用這項檢查，也可發現羊水過多症、發育不全、雙胞胎等情形。

〔浮腫檢查〕

醫生壓腳部，觀察是否有浮腫現象，這是確定妊娠中毒症的必要檢查項目。

〔胎心音檢查（聽診器檢查）〕

利用聽診器聽胎兒心跳是否正常，以確定胎兒是否有異常。

〔超音波檢查〕

利用超音波診斷裝置，反映出子宮及胎兒情況，由於胎兒全身均可看見，所以可以確認是否有重大畸形。除此之外，還可發現子宮外孕、葡萄胎、前置胎盤等異常，二十四週時可辨別男女。

子宮底長測量法

測量恥骨上端至子宮上端的長度

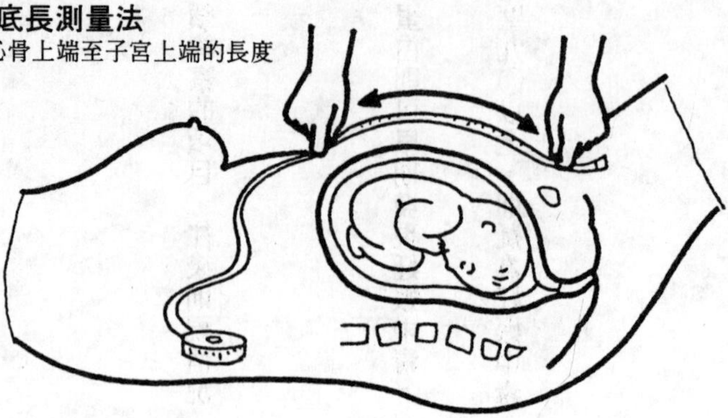

順利生產注意事項

順利懷孕、平安生產，是每位母親的願望，也是嬰兒新生活的開始。

請孕婦努力保護自己及體內胎兒。

①不要急於管理自己。

②具備懷孕、生產的知識。

③信賴主治醫師。

④正當的休閒娛樂。

⑤整個懷孕過程很艱辛，一定要堅持到最後。

噁心、嘔吐

胎兒健康的證據

懷孕五～六週時，孕婦會感到空腹不舒服，或者出現實際嘔吐的症狀。這幾乎是所有母親的經驗，但請妳想像「這就是胎兒健康的證據」，不要太在意此症狀，到了四個月便可恢復正常。

△各種症狀與原因

- 昏昏沈沈想睡覺
- 很容易暈車
- 總覺得反胃、噁心
- 不喜歡煮飯
- 飲食喜好改變

・食慾降低
・想吃酸的東西
以上症狀及程度各人不同。有些人因為吃不下，體重一下就少了二～三公斤，也有人很幸運，沒出現什麼特殊變化。
這時期胎兒還很小，即使母親營養並不十分足夠，也不必過於擔心，滿十五週就好了。
嘔吐原因至今仍未明，判斷是絨毛組織排泄的中間代謝產物所造成。
此外，緊張也是原因之一，家庭問題的逃避很可能以嘔吐方式顯現出來。

△應付嘔吐的方法

〔起床時不舒服〕
很多人在早晨起床時，會感覺不太舒服。
請在床頭櫃放一些食品，醒來先吃些東西，等舒服一點再起床。

〔補充足夠水分〕
嘔吐次數太多，會引起脫水，請多喝果汁、牛奶、運動飲料、營養補充品等，以補充流失的水分，也可消除便秘。

〔吃零食〕

想吃就吃，三明治、起司、沙拉、冰淇淋、酸乳酪什麽都好。

〔利用餐廳〕

嘔吐敏感期，自己煮飯更會降低食慾。

到外面用餐可以讓心情輕鬆一點。

〔日常生活〕

身體不舒服的時候，心情一定不太好，找朋友聊聊天、聽聽喜愛的音樂、做自己喜歡做的事，將會讓妳覺得好過些。

△孕吐

嚴重嘔吐就是一種病態。

嘔吐激烈，完全無法吸收食物、水分，連胃液、膽汁、血液都吐出來，還伴隨頭痛、失眠等症狀，就稱為「孕吐」，必須入院治療。

打維他命點滴可減輕症狀。

健康食品及營養劑

健康食品是將維他命、鈣、食物纖維、寡糖等加工後的食品，適量攝取很重要。

維他命A攝取過量，會引起胎兒畸形，碘服用過量，會造成嬰兒甲狀腺機能低下。

很多人擔心自己營養不夠，所以除了正常飲食之外，多服用營養劑，但攝取過量並不好，營養劑只能當成是營養補充品而已。

職業婦女孕吐因應對策

在交通顛峰時搭車，最會令人想吐，最好隨身準備塑膠袋及毛巾，可能的話，最好避開擁塞時間搭車，寬鬆的環境可使嘔吐感降低。

如果真的很不舒服，請中途下車休息。避免穿著太緊的衣服，以免雪上加霜。

隨身攜帶食物（餅乾、糖果、起司等等），以應付空腹的不適。另外，即使再忙碌，也請妳不要忽略了早餐的重要性。

工作中身體不舒服，不要勉強忍耐，請暫時到休息室休息。

流　產

初期流產的主因是胎兒異常

懷孕初期最令人擔心的就是流產。所謂流產，是指未滿二十二週的胎兒自然流出。這占懷孕全體的十％，尤其在胎盤尚未完成的十一週之前，應特別小心。

最近由於超音波斷層法普遍，可早期診斷出流產的可能性。

△為什麼會流產？

初期流產主因多半為受精卵異常，尤其三十五歲以上的卵子呈老化現象，因此流產率也高。胎兒方面則考慮為染色體異常或發育障礙。

母體方面的原因有子宮發育不全、位置異常、疾病、下腹部受壓迫、跌倒等事故。另外，強烈精神打擊也是誘因。而懷孕初期因未自覺懷孕，而做激烈運動或不規律的生活、激烈性交，也會造成流產。最近還發現，父母血液中的ＨＬＡ配合度不佳，容易造成流產。

△症狀與診斷

有腹痛、出血現象。腹痛從下腹部不舒服感到激烈疼痛，出血從少量出血至如生理期般大量出血都有。懷孕期間有出血現象，一定要接受醫生診察。正常懷孕是不會出血的。

流產檢查，首先是超音波檢查，接著檢查胎囊、胎芽、胎心音之有無。從懷孕第七週後半，即可聽見胎心音，如果胎兒心跳正常，表示胎兒仍然存活，少量出血不必擔心。

保持安靜，必要時必須住院接受荷爾蒙補給，請依照醫生指示。

週數少，聽不見胎心音時，必須檢查尿液中的荷爾蒙，如果培育胎兒的黃體素分泌充足，則判斷胎兒仍然存活。

如果下腹部疼痛激烈、出血持續增加，則為「進行流產」，子宮口開始張開，就無法阻止流產了。當胎兒完全流出後，還必須進行胎盤刮除手術，否則只有胎兒流出，而胎盤仍留在子宮內，就是「不完全流產」。

△預　防

有懷孕可能的人，應盡早確定是否懷孕，避免不規律的生活、激烈運動及性行為。日常生活必須注意不要踮腳尖伸手取物、提重物等勉強動作，上下樓梯次數不要太頻繁，避免下腹部用力。

△萬一流產了

儘量檢查流產原因，下次懷孕特別注意。

並非三十歲之後流產後就很難再懷孕，但三十五歲一下就到了，如果不孕期間拉得太長，恐怕就比較難受孕。不要灰心，和醫師商量。

何謂流產？

所謂流產，就是剛受孕如豆粒般的胎芽，因某種理由而惡化，結果形成胎芽和胎盤的組織出血被排出體外，並非出血才造成胎兒流出。

最近使用超音波診斷裝置，在初期即可進行流產檢查。

子宮外孕與葡萄胎

發生率約一%，應盡早發現、診斷

子宮外孕是指受精卵在子宮之外著床，絕大部分是著床於輸卵管，即輸卵管妊娠。在這種情形下，受精卵無法於輸卵管正常發育，懷孕中途即會引起流產，或導致輸卵管破裂。

子宮外孕約占總懷孕數的一%，所以懷孕初期產檢相當重要。一旦感覺有什麽「不對勁」，最好儘快就醫，早期發現早期治療。

△為什麽會造成子宮外孕？

子宮外孕有些是因為天生輸卵管太狹管，輸卵管的纖毛運動力弱，以致於受精卵無法到達子宮腔。另外，因結核性輸卵管發炎而接受化學治療的人，或進行過人工墮胎的人，也會因為輸卵管狹窄或機能低下，而發生子宮外孕。

△什麼症狀該接受什麼治療？

最初和一般懷孕情形一樣，月經延遲。五～六週開始，即會持續少量出血，或出現茶褐色分泌物，有些人會感到腹痛。

七～八週時，由於胎兒逐漸發育，會造成流產或輸卵管破裂，接著出現腹痛、出血症狀。輸卵管破裂會引起下腹疼痛，血壓急速下降，並陷於意識不明的休克狀態。

為了治療出血，必須進行開腹手術，輸卵管破裂時則必須切除。

△何謂葡萄胎？

本來應該在胎盤的絨毛發生變化，形成一粒一粒顆粒狀，在子宮內異常增殖成葡萄串狀。胎兒無法發育，利用超音波可早期診斷。

症狀為懷孕四～五週起即持續少量出血，下腹疼痛不明顯，嘔吐嚴重如孕吐狀態，幾乎沒有辦法攝取任何食物。

子宮異常大，懷孕十二週看起來就像二十～二十四週。隨著懷孕週數增加，聽不到胎心音，也感覺不到胎動。

△診斷與治療

在懷孕八週時，即可藉超音波檢查，或尿液絨毛性黃體素檢查診斷出，確定為葡萄胎後，應立即住院開刀將子宮內容物取出。

手術後如有部分絨毛組織殘留，則很容易演變成絨毛癌，所以手術後二年一定要定期接受檢查，而且一定要避孕。

葡萄胎

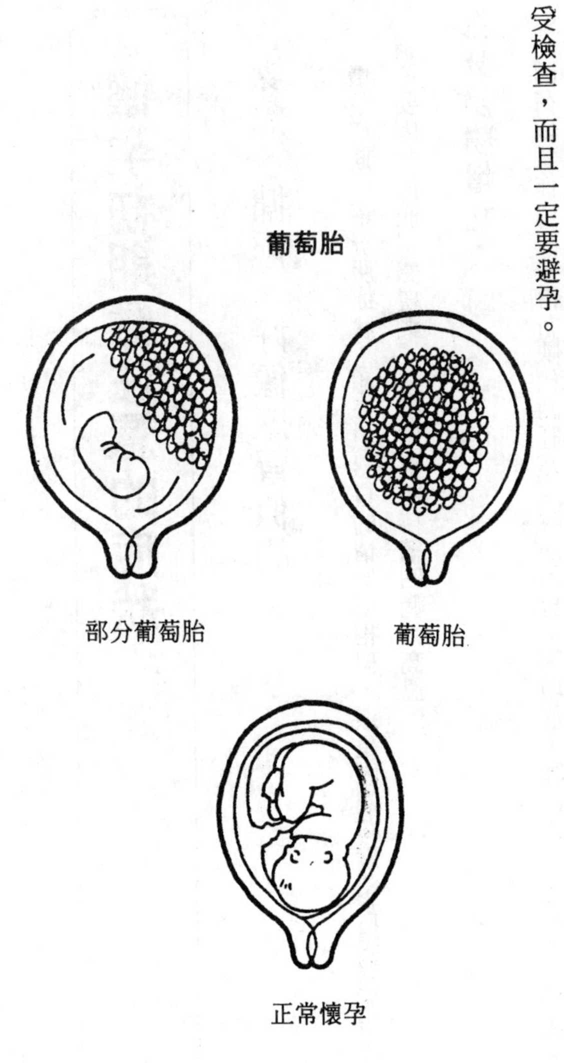

部分葡萄胎　葡萄胎

正常懷孕

懷孕初期應注意的症狀

燥熱、慵懶、好像感冒似的

懷孕初期的不舒服症狀，和罹患感冒的情形很相似，這是因為荷爾蒙黃體機能增強之故，請不要因此而服用感冒藥，基礎體溫將持續四個月高溫。

△分泌物增加

因荷爾蒙作用，使得新陳代謝旺盛、陰道內分泌物增加，乳白色、淡黃色均無妨。

由於分泌物增加，很容易感染黴菌而使陰道發炎，請著透氣性強的內褲，而且每天淋浴不可缺少，務必保持身體乾淨。

△頻　尿

由於子宮壓迫到膀胱，使尿意不時出現（懷孕後期亦同）。千萬別憋尿。

△失　眠

雖然有個小寶寶是一種喜悅，但另一方面，懷孕的不適、生活規劃、各項事情安排等等，均會造成精神上的不安。

懷孕初期是精神、肉體均不安定的時期，一點事就會使情緒高亢。

失眠時不要太在意，洗個溫水澡、聽聽音樂，心情放鬆後再入浴。

△頭　痛

訴說懷孕初期頭痛的人相當多，這與嘔吐或精神壓力均有關係。另外，此時眼睛比較容易疲勞，也可能因此造成頭痛。

不管怎麼說，休息都是最重要的，盡量找時間多休息，想睡就睡。

△便　秘

不少女性本來就有便秘，到了懷孕時期，便秘的人更多。

這是由於懷孕使得腸蠕動緩慢，而且逐漸增大的子宮壓迫腸子，使腸機能低下。

腹漲、腹痛、頭痛、長青春痘、打嗝等各種症狀都會出現。

儘量努力使排便規則。

・重點一：不要強忍便意

養成每天固定時間上廁所的習慣。

・重點二：攝取充分水量

早起後喝一杯開水、牛奶，效果更佳。

・重點三：多攝取食物纖維

儘量多吃含食物纖維多的蔬菜類（牛蒡、紅蘿蔔、甘藍菜等）、蘑菇類、海草類（海帶、昆布、海帶芽）、豆類（大豆、紅豆、綠豆、扁豆）、水果類（蘋果、香蕉、葡萄、香瓜）、酸乳酪、蒟蒻、涼粉等等。

飲食可說是消除便秘的大功臣。

・重點四：適度運動。

不要因慵懶而不動，適度運動對妳有益。

・重點五：緊張也是便秘的原因。

凡事不要太在乎，大而化之比較好。

如果真的沒辦法消除便秘困境時，請和主治醫師商量，千萬不要亂吃通腸藥。

消除便秘的大豆醋

令人苦惱的便秘，大豆醋可發揮良效。

作法

①大豆用水洗淨、濾乾水分。
②用微火炒十～十五分鐘，不要焦掉了。
③用米醋（檸檬汁亦可）泡一週。

每天飲用一杯大豆醋，可使症狀改善，嚴重的人多喝一些也沒關係。醋還有美膚效果。

懷孕初期的生活方式

即使遇到困難也要自我調適

初次懷孕時，肉體、精神方面的緊張是預想不到的，在得知自己懷孕消息的同時，也會出現種種不安情緒，這樣做好不好？那樣會不會對胎兒造成影響？吃過那種藥有沒有關係……等等。

△不必急於改變生活態度

懷孕是一種生理現象，不是疾病。當然，懷孕之後有應該注意的事項，只要稍加留意，即可安然渡過懷孕期，尤其懷孕初期還是不穩定狀態，所以應多方面注意。此外，懷孕、生產並非只是母親一個人的責任，腹中胎兒本身也有其天命，所以即使發生什麼事情，也請妳不要太耿耿於懷。

懷孕初期最重要的一件事，就是盡早確定自己受孕了，當月經延遲或察覺到身體發生變化，應盡速就診，確定懷孕後，不僅母親自己注意，還應該向周圍人報告，請家人協助，求得肉體、精神方面的平穩。

△生活規律，不要勉強做事

由於沒察覺到自己已經懷孕，或雖然確定懷孕，但身體沒有發生變化……之類理由，往往使得孕婦在懷孕初期過度勞動。雖說懷孕不是病，但畢竟腹中有胎兒，所以基本上還是安靜渡日比較好，激烈勞動對孕婦及胎兒均不利，而且懷孕初期的婦女，本來就比較容易肉體疲勞、精神緊張。

這時候必須注意生活規律、常保身體清潔、維持適度運動及充分休息。

另外，得知懷孕之後，還要注意營養的攝取，除了孕婦本身需求外，還得供應胎兒需求。在容易發生流產的不安定時期，行動必須謹慎，避免提重物、長時間站立工作、不自然坐姿過久等等有害動作。

疾病當然盡可能預防，但輕微感冒、便秘、腹瀉等平常不太注意的狀況，這時也應特別注意。德國痲疹容易造成胎兒先天異常，而且懷孕之後也不能注射預防針，應格外留意。

除此之外，突然決定出國旅遊、整修房屋、學習新運動等等，在懷孕初期都應盡量避免，等情況安定了之後再進行。

△注意藥、酒、煙、X光線

懷孕初期日常生活注意事項如下：

〔藥物服用〕

內服藥與外用藥均需控制，並非所有藥品都對胎兒有影響，但最好遵照醫師指示。

〔煙、酒〕

煙、酒對胎兒有重大影響，除了孕婦本身應禁止外，也最好請同屋內人禁止吸煙。

〔X光檢查〕

X光對胎兒的影響也不可忽視，尤其懷孕初期，可能會將嘔吐視為胃腸病而接受X光檢查，所以在月經開始日十天以後，最好避免照射X光。

懷孕初期，胎盤尚未完全完成，所以必須注意流產，具備流產知識。

嘔吐嚴重時期也要訂定營養攝取對策。

得知懷孕消息後，不僅要將此喜悅告知家人，還應從各方面獲取社會的支援。

首先應與主治醫師維持良好信任關係。另外，各大醫院均備有懷孕、生產各種相關資訊，孕婦應善加利用，吸收各項新知。周圍親友也是一本活字典，可以提供許多經驗談。

最後最重要的是保持心情開朗，這樣才能生下健康的新生命。

孕婦裝

保護身體最重要

即使腹中已有胎兒，但懷孕初期外表的變化並不大，也還不用穿孕婦裝，但既然懷孕了，就必須準備與平常不同的服裝。

△準備一塊布禦寒

當得知懷孕後，最重要的就是禦寒，許多女性手腳容易冰冷，甚至腰部、頸部對寒冷特別敏感的也不少。

寒冷時應注意避免著涼，天氣熱的時候，在冷氣房中，也應準備一塊布隨時覆蓋寒冷部位。

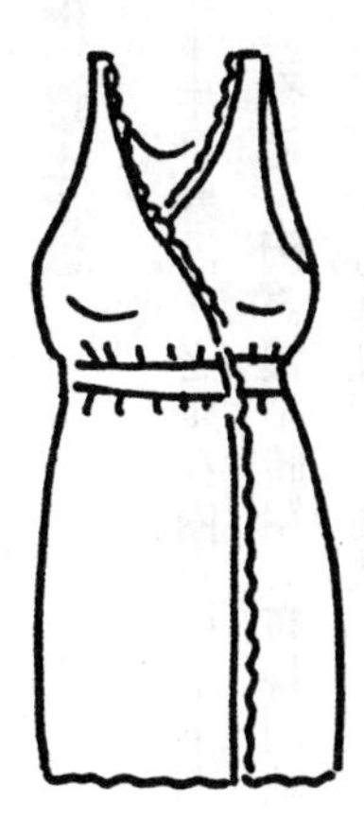

前開襯衣

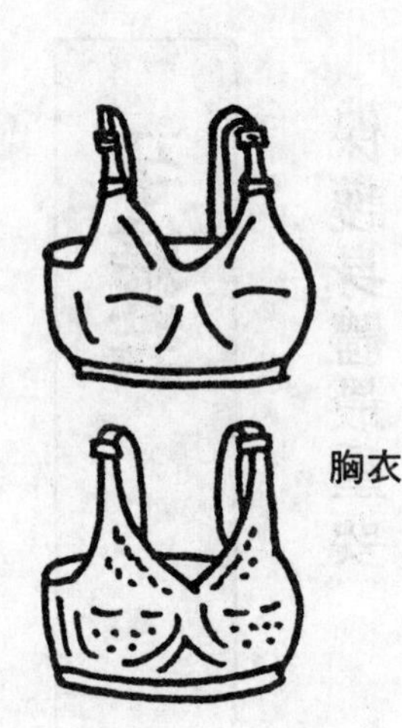

胸衣

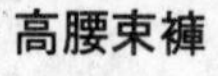

高腰束褲

附腹帶的內褲

△內衣褲也應注意

為了防止下半身寒冷，必須在內衣褲上下工夫，素材以綿質最合適，因為懷孕時期肌膚特別敏感，分泌物也增多，應隨身準備衛生護墊。

△買大一號內衣

如果要新購內衣褲，最好買大一號為宜，生產後體型尚未恢復前也可以穿，即使恢復原來體型，大一號穿起來比較輕鬆也不錯。

休閒、運動、性生活

變換心情

懷孕初期必須注意不提重物、不作勉強動作、不要著涼、不要長時間站立、經常注意身體變化等等。休閒、運動最好考慮暫時停止，也要避免長時間搭車或出外旅行等容易疲勞的活動。

△散步可以轉換心情

但如果因為感覺不舒服、嘔吐得難受，而整天躺在床上，心情就會愈來愈低沈。精神應該常保安定狀態，當身體狀況穩定後，應該換換氣氛。

在室內靜靜地讀書、聽音樂不錯（但請勿選擇內容太刺激者）。天氣好的時候，出外散散步可讓心情舒暢些，由於此時不宜運動，所以步行是最佳選擇。但請避開車輛往來繁雜之處，因為散步時過度傷神，反而會對身體造成不良影響。

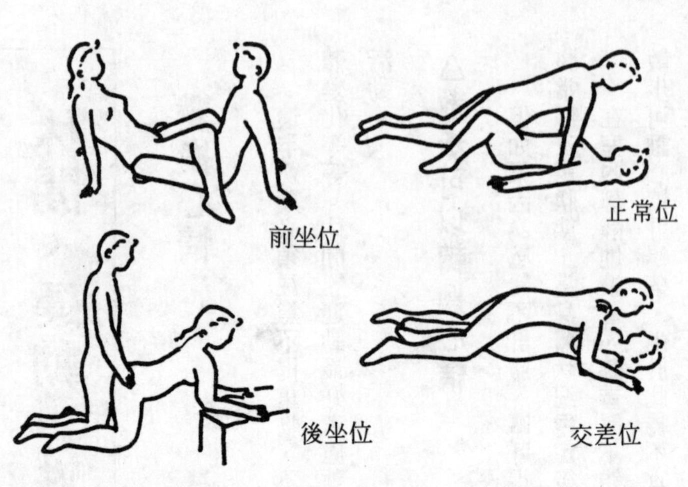

懷孕時期的性生活，以妻子無負擔、丈夫無不滿為理想，不可過於勉強。

尤其應避免性器深入、妻子腹部受壓迫、容易疲倦的體位。刺激強的前戲也會造成子宮充血收縮，應適可而止，以防意外。

懷孕期間不得不立即停止性生活的狀況如下：①出血、腹痛時。②有流產、早產跡象時。③診斷為妊娠中毒、前置胎盤時。④破水時。⑤陣痛開始時。

好不容易受孕了，當然不希望有悲傷的結果，請務必小心。

△懷孕初期的性生活

次數少、插入淺、時間短、妻子興奮少為重點。

此時期是些微刺激或興奮即容易流產的不安定期，請丈夫或伴侶理解與諒解。

媽媽教室

交朋友最佳場所。丈夫也可以參加

各大醫院、衛生所會不定期舉辦孕婦講座，教導孕婦懷孕至生產、育兒各種知識，均邀請婦產科、小兒科、營養科等專家指導。

妳有任何疑問，均可利用這個難得的好機會詢問專家。

△媽媽教室做些什麽？

具體而言，有懷孕時期飲食方法、日常生活注意事項、產前體操、生產經過與狀況、生產時的呼吸法及補助動作、新生兒照顧法、產後母親調適法等等，多半為免費參加。

請各位孕婦不要放棄醫院舉辦孕婦講座的好機會，經過專家詳細說明後，孕婦也可以安心。

△交朋友的好場所

懷孕的準媽媽們，內心必定充滿不安與擔心。如果是小家庭，則白天多半只有孕婦一人在家，有些婦女在懷孕後即辭去工作，這時候，生活範圍突然變得狹窄，不少人無法適應這種落差。

為了調適心情，希望妳參加媽媽教室，因為在這裡，妳不但可以獲得許多懷孕、生產相關知識，還可結交與自己有相同煩惱的朋友。

熟識之後，不但在懷孕期間，即使在生產後育兒時期，也可互相交換心得。

△丈夫也可以參加

最近丈夫參加媽媽教室的情形很普遍，一般人已有生產、育兒是夫妻倆之事的共識。男性了解懷孕、生產常識，對孕婦會有很大的助益，所以歡迎準爸爸們也一起來參與。

職業婦女，媽媽的注意事項

△職業婦女容易出現異常？

一般認為職業婦女比家庭主婦懷孕、生產時容易出現異常。但這並不是工作本身不好，而是工作條件、環境不佳，或工作過度所致。

超過八小時的長時間工作、夜晚加班、在高溫或寒冷處工作，均是導致流產、早產、胎兒發育不良的原因。最近長時間與辦公室機器為伍的女性，更有此傾向。

然而，只要避免這些缺點，其實工作對孕婦還是有正面作用。嘔吐、精神憂鬱等現象，很可能在離開家與外人接觸後得到舒緩。

自營業的孕婦往往有勞動過度的跡象，應請求家人協助與諒解，充分休息。

△職業婦女的生活方式

工作會對孕婦的身心造成影響，為了防止危險發生，請注意以下事項。

首先，絕對避免危險業務。盡量避開交通顛峰時間通勤。與其搭轎車或巴士，不如搭火車、電車，有人讓座則欣然接受，即使只坐一站，也能減輕一些疲勞。

在工作場所，除了午休之外，當妳感覺疲累時，請自己做適當判斷，充分休息，腳部抬高一下也好，儘可能躺下最具效果。另外要注意身體保暖，尤其在冷氣房裡最容易感冒，務必小心。

中餐與其在外面吃，還不如帶營養均衡的飯盒。

最後請定期產檢。希望妳能在丈夫、家人、周圍朋友的關心下平安生產。

懷孕初期的Q＆A

Q：本來胃腸就不太好，容易拉肚子，請問腹瀉是否會造成流產？

A：腹瀉時，腸子運動強，會造成子宮收縮，但因此導致流產的例子非常罕見。輕微腹瀉不必太過擔心，但如果腹痛激烈、發燒時，就應該立即至醫院就診，千萬不可自行服用成藥。

經常拉肚子的人，應特別注意飲食，不要因為感覺熱就喝冰水，也盡量避免消化不良的食物。另外身體不要著涼。

Q：我便秘情況嚴重，服用過便秘藥，也灌過腸，是否會導致流產？

A：懷孕期間不可隨便服藥是基本原則。一般西藥房均售軟便劑。至於灌腸，市售用品作用比較弱，應該不致於造成流產，但為了免除不必要的擔心，最好還是請婦產科醫師開處方比較好。

當然，改善飲食生活也有助於消除便秘。

Q：過去有過墮胎經驗，是否因此使得流產的危險性增高？

A：人工流產有時會成為日後流產的原因，尤其是最初懷孕的人工流產，容易造成不孕症、流產、早產。不要因避孕失敗就輕言墮胎。

只不過，調查流產的原因，還有其他許多因素，最重要是自我健康管理。

此外，應該坦白告訴醫生以往的流產經驗，以做儘可能範圍的防範。

Q：流產的出血與月經出血能區別嗎？

A：比月經預定日晚、比平常經血多，很可能就是流產。

極初期的流產與月經出血很相似，所以很難判斷。當自覺不太對勁時，還是請醫生診察較妥當。

懷孕初期的少量出血，可視為流產的徵兆（子宮內膜變化造成的生理出血，不用擔心）。伴隨腹痛的出血，請盡速就醫。

Q：懷孕期間可以化妝、擦指甲油、燙頭髮嗎？

A：完全沒問題。只要妳認為化妝、擦指甲油會讓妳精神更愉快，就沒什麼關係，燙髮液也不會對胎兒造成不良影響。但由於燙髮須長時間坐著，所以應在身體狀況良好時較理想。

產檢及生產時，請不要化妝或塗指甲油，以便醫生察顏觀色。

Q：飼養寵物該怎麼辦？

A：由於過去有弓形體病出現的例子，所以不少人認為懷孕還是不要飼養寵物比較好。一般程度飼養應該沒什麼問題，只要注意不要親吻、以口傳送食物即可。

Q：服用避孕藥會有什麼影響？

A：服用避孕藥的女性相當多。根據針對服用避孕藥者流產調查結果，出現染色體異常者不少，但因果關係尚未十分清楚。流產可能是染色體異常所造成，但不能說都是吃避孕藥的關係。

避孕藥是以類似懷孕狀態的方法抑制排卵，雖說卵子有老化跡象，但卵子並非在中途被抑制，所以無法證明是停止服藥後排出的卵子呈異常狀態。

如果有顧慮，建議妳在停止服用避孕藥後，月經二～三週期之後再懷孕。

藥的影響

藥物對懷孕的影響

懷孕期間用藥，有些是導致流產、早產的原因，有些會使出生嬰兒嚴重黃疸，這些藥物造成的不良影響，早就受到大衆注意了。

尤其在胎兒體內器官尚未成形的懷孕初期，即使些微劑量，也會對胎兒造成影響。即使大衆普遍有這種認知，但仍然有不少人在懷孕初期亂服成藥。

沒注意到自己已經懷孕而服用藥物，會對胎兒產生什麼影響？一般市面上雖可買到許多藥物，但一般藥物在衛生署的檢驗之下，安全性相當高，只要依照說明使用，並不會立即對胎兒產生什麼不良影響，但為求愼重起見，還是與主治醫師商量。

有人認為中藥沒有副作用，但也並非絕對安全，請與醫師商量。

安全拒絕

有人認為凡是藥都不好，因此在懷孕期間，即使醫生開的處方藥物，也一概拒絕服用。為了胎兒的成長，母體健康是基本條件，如果醫生處方對母親有必要，還是應該按時服用。

服藥時的注意事項

〔必須醫師處方〕

有些孕婦病狀必須服用藥物，例如，治療貧血的鐵劑、治療感染症的抗生素等，都必須依照醫師開立的處方箋服用。

〔向醫師告知懷孕〕

就醫時，如有懷孕可能性的場合，應該告知醫生，即使對於婦產科以外的醫師亦然，這樣才能讓醫師開處方箋時特別注意。

〔有疑問就請教醫師〕

這藥有副作用嗎？不要猶豫，立刻詢問醫生。如果不問清楚而自行減量或停止服用，反而對身體有害。絕對不要外行人自行判斷。

第三章

胎兒穩定（懷孕中期）

胎兒與母體的變化

懷孕中期可稱為安定期，惱人的嘔吐消失、胎動開始出現，孕婦有成為母親的感覺。至於精神方面，此時亦為安定期。

月	5個月				
週	16	17	18	19	20
胎兒成長	 滿五個月時，胎兒身高約二十五公分、體重約二五〇公克。發育明顯，指甲、頭髮、眉毛開始生長，甚至臉部也出現表情。 心臟跳動愈來愈活潑，透過腹壁可以直接聽見胎心音。 四肢肌肉發達，全身開始活潑運動。神經也開始發達，感覺開始萌芽。				滿六個月時，身高約三十公分、體重約六五〇公克。胎兒在
母體的變化	子宮約如大人頭部般大小，從外表明顯看出下腹部突起，慢慢需要穿孕婦裝了。 嘔吐症狀消失，為安定時期。食慾增加、乳房增大，皮下脂肪出現，子宮底長約十五～十八公分。 微微感受到胎動。第一次胎動日期請記住，於產檢時告知醫生。				腹部愈來愈大，子宮底長十八～二十cm，體重增加、乳房增

6個月	7個月
21　22　23	24　25　26　27
羊水內會活動手腳，身體也會轉向。全體呈均衡狀態，耳、鼻、口齊全、顏面清楚，皮膚表面附著一層乳白色胎脂，但還很瘦小，全身都是皺紋。 胎兒的腦下垂體、卵巢（睪丸）、副腎腺、甲狀腺等荷爾蒙分泌器官，此時開始作用。	七個月時，身高約三十五公分、體重約五〇〇～一〇〇〇公克。 皮膚還很薄，皺紋多，很像老人的臉。鼻孔開通、上下眼皮已可區分，性器發育良好，可以清楚區分性別。腦部發育也很明顯，能控制身體機能。 如果這時候出生，存活率很大，但是體外活的適應力還不完全。
大，有些人會分泌出乳汁。 腹中胎兒活動活潑，此時幾乎所有孕婦都感覺得到胎動。 由於腹部增大，身體容易失去平衡，所以日常動作應該謹慎。	子宮底長約二十三～二十六cm。腹部感覺沈重，從腹部上方看，可以看見胎兒的位置。下腹部出現妊娠紋。胎動激烈，感覺得出胎兒的活潑好動。 隨著腹部增大，腰酸背痛、便秘、痔瘡、靜脈瘤很容易出現，活動過度時會感到心悸、呼吸困難。沒辦法利用腹式呼吸，只能靠肩部呼吸。

※靜脈瘤——血管擴張，青色筋路浮起於皮膚表面。

胎動

胎兒的訊息

胎動就是胎兒在腹部內活動，在懷孕期間，最令母親感動的，莫過於胎動。胎兒藉著胎動，向母親傳達健康的訊息。

△懷孕十八週即可感受到胎動

從超音波觀察，胎兒在懷孕八週左右開始就會動，但大多數母親感到胎動是在十八週左右，遲者在二十二～二十三週也會開始感受到胎動。一般而言，初產婦比經產婦早感受到胎動。一開始胎動的程度很小，小到讓母親懷疑「這是胎動嗎？」

最初的胎動有助於了解懷孕過程是否順利，以及推定預產期，所以應記住最初胎動的時候，並在產檢時告知醫生。

△什麼樣的感覺？

一開始是微微地動，每個人感受不同，有人「腸子噗咚噗咚地動」，有人「腹部咯嚕咯嚕地動」，也有人覺得是「魚在翻來翻去」。

最初感到胎動的位置是下腹部、肚臍下部附近。隨著胎兒的成長，子宮也擴大，胎動位置逐漸移至肚臍上方。進入懷孕八個月之後，胎兒肌肉發達，胎動也十分明顯，甚至會踢得母親腹部疼痛。到了懷孕九個月，從外側很容易看出胎動，只要胎兒一動，腹部就會突起，用手摸得到好像是胎兒足部的程度。

胎動的感受性因人而異，皮下脂肪多、羊水多的人比較感覺不出來。

產期將近時，胎兒會往骨盤下方移動，胎動因此減少了。

雖說胎動感受性因人而異，但如果六個月時尚未感覺胎動，請和醫生商量。

另外，如果每天都感覺到胎動，卻突然有一天感覺不出胎動，也要特別注意。

△胎盤的形成

受精後十一～十二日左右，絨毛在子宮內膜生根，到了懷孕十五週左右，形成圓盤狀稱為「胎盤」的器官。隨著胎兒的成長，胎盤也逐漸增大，到懷孕末期時，直徑為十五～二十

cm、重約五〇〇g。

胎盤是胎兒的命脈，從母親血液中運送氧及營養給胎兒，並送出胎兒的排泄物及二氧化碳，且分泌各種荷爾蒙促進胎兒成長。

此胎盤經由臍帶與胎兒連接，其中有動脈、靜脈貫穿，運送氧及營養，並將排泄物、二氧化碳排出於胎盤，擔任非常重要的任務。

胎兒在羊水中成長，羊水也隨著胎兒的成長而增加，到懷孕二十八週時，羊水約有八〇〇ml，三十五週以後逐漸減少。胎兒浮遊於羊水中，喝羊水、撒尿，羊水擔負抵抗外來衝擊的任務。對於母親來說，活潑胎兒的胎動也會帶給母親溫暖的感覺。

臍帶的異常

臍帶一般長四十～六十cm，一〇〇cm以上為臍帶過長，三十cm以下為臍帶過短。

臍帶可能纏繞胎兒的頭、肩、腳等，約占整體懷孕數的二〇～三〇%，大部分均可平安生產。但在分娩時，臍帶可能被壓迫，而造成胎兒休克狀態，此時就必須利用鉗子、吸盤進行分娩。

雙胞胎、多胞胎妊娠

好好照顧母親身體

雙胎以上的妊娠稱為「多胎妊娠」。由於近年來排卵藥物的使用，使得多胞胎情形增加。自然多胎的場合，當然與年齡無關。但因不易受孕而使用不孕治療劑或服用排卵藥，則容易造成多胞胎。多胎並不會造成異常，但對母體而言都是重大負擔，一定要好好注意照顧身體。

△什麼時候知道？

利用超音波檢查，可在懷孕十週確定，雙胞胎則可聽見二個心跳。

母親本身感覺到雙胞胎，是在六個月以後，由於腹部特別大，看起來像單胎的九個月。

△雙胎妊娠、一卵性為二十人中出現一人

雙胞胎有一卵性與二卵性，一卵雙胞胎是一個受精卵分裂為二個，成為二個胎兒。性別相同，面貌也一模一樣。

二卵性雙胞胎，是排出二個卵，個別受精成二個胎兒。在這種場合下，由於卵子、精子都不同，所以性別不一定相同，面貌也不一定相似。

雙胞胎發生率為一二〇人中有一人，多胎的九九％是雙胞胎。

雙胞胎、多胞胎在自然排卵的場合，與母親的體質、遺傳有關。其他則可能受排卵劑影響。

△體重增加容易引起妊娠中毒

雙胞胎（多胞胎）的場合，由於腹部比一般大，所以全身負擔增加，容易引起靜脈瘤、浮腫、貧血、羊水過多、心悸、呼吸困難等症狀。除此之外，特別值得重視的是妊娠中毒症。務必遵照醫生指示，好好管理日常生活，尤其應該注意體重增加狀況，雙胞胎的場合也沒必要因此攝取三人分飲食。

為了預防妊娠中毒，應該控制鹽分、熱量的攝取，注意飲食、營養均衡。不要忘了保持安靜。

產前檢查次數也應增加。

△早一點住院待產

懷孕後期為了防止早產，可以早一點住院待產。由於嬰兒很容易是未熟兒，所以安靜待產最重要。

家庭生活方面，爲了防止前、早期破水，盡量減少外出，保持安靜為第一要件。

生產可以採自然生產，但多半使用剖腹產。自然生產如果一個接一個產出，就沒什麼問題，但如果二個同時產出，就會危及母體。

排卵藥

對於各種月經異常或不孕的原因之無排卵性月經，以誘發排卵為目的而使用。

由於這種藥物的使用，使得三胞胎、五胞胎陸續出現，引起世人嘩然。

最近醫生在用藥方面已經多加注意，因此連雙胞胎發生率也下降了。

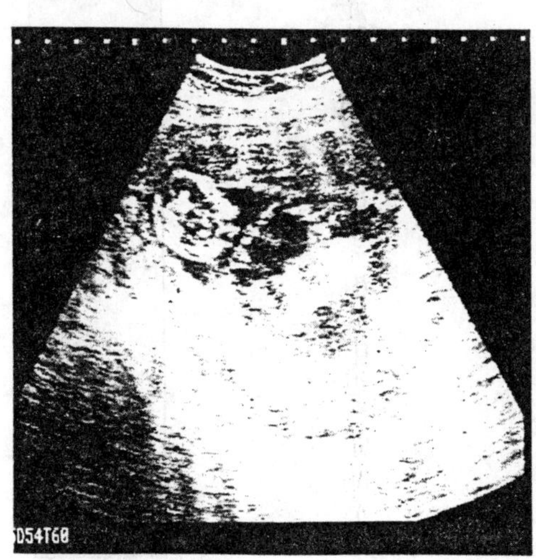

12週的雙胞胎

骨盤位

胎兒接近生產期尚未安定

隨著懷孕月數的增加，胎兒頭部會往下移，生產時從頭部先出來。但其中也有頭部不先生出來的情形，而是腳先出來，亦即骨盤位。

△什麽是骨盤位？

懷孕期間診斷為胎位不正的人很多，但大部分均可在生產前恢復正常姿勢。實際骨盤位生產者只有四～五成。

△如何分娩？

頭部最後出來容易造成難產，因為胎兒頭部與母體骨盤之間的臍帶被夾住、壓迫時，胎兒有呈休克狀態的危險，此時必須施行剖腹生產。

另外還有胎兒橫躺的例子，也必須利用剖腹生產。

△如何治療骨盤位？

骨盤位的胎位矯正法，可以自己在家進行，有胸膝位（伏臥、臀部翹高）、側臥位（使胎兒背部往上躺），幫助胎兒自己回轉。有些在臨盆時即自然治癒，有些在生產前胎兒位置還不定。

全足位

不全足位

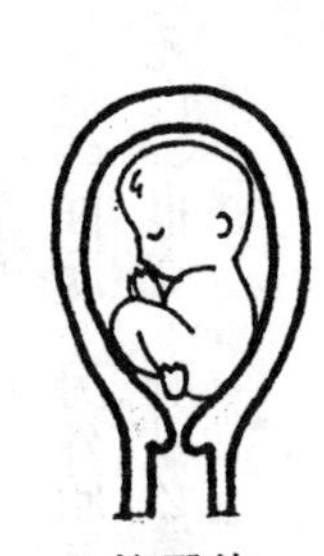
複臀位

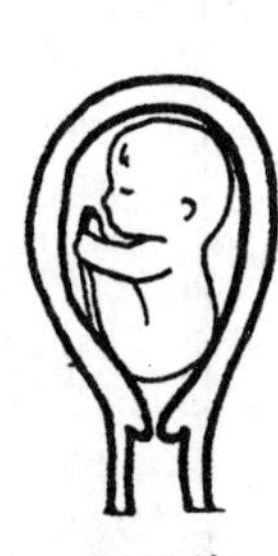
單臀位

控制體重

太胖會帶來麻煩，肥胖孕婦很容易造成妊娠中毒、糖尿病、巨大兒等問題。另外胎兒、新生兒的週產期死亡率（懷孕二十八週以後死產與出生後未滿一週死亡）也高，所以必須控制體重。

孕婦的體重增加有顯著的個別差異，得考慮到體質、原來身高及體重、勞動量等。一般認為體重增加九～十一公斤為理想，最近也有人主張七公斤即可。有肥胖傾向者，增加量最好控制在六～七公斤，瘦孕婦則可增加十一公斤。

〔定期量體重〕

家中請準備體重機，每星期量一次。懷孕中期至於後期，一週增加二五〇～四五〇公克，超過五〇〇公克即必須警戒，控制熱量、鹽分、水分攝取。

〔一日三餐，控制零食〕

一天吃二餐反而容易發胖，飲食間隔時間愈長，亦即空腹時間愈長，則愈容易吸收營養。點心、宵夜也是導致肥胖的原因，尤其宵夜容易增加生理性體脂肪，應該避免。

懷孕中期該注意的症狀

雖是安定期也不可大意

雖然身體進入安定期，但隨著腹部增大，更會出現一些不舒服的症狀，不可忽視。

△貧　血

〔原因〕：孕婦貧血是最常見的併發症，約占總孕婦的四十%。

懷孕期間，補給胎兒營養的血液大量製造，但雖然血液總量增加，但紅血球及血紅素都幾乎沒增加，而且胎兒會吸收母親血液中的鐵質，以為自己造血，因此懷孕期間容易罹患缺鐵性貧血。

〔症狀〕：臉色蒼白、指甲發白、內眼皮也呈白色。容易呼吸困難、心悸、暈眩、疲勞、腳腫、頭痛、手腳冰冷、失眠、注意力不集中、妊娠中毒等。

生產時的出血量也令人擔心。懷孕時貧血的人，產後也容易貧血。

即使母親呈貧血狀態，但腹中胎兒還是會從母體攝取必要的鐵分，幾乎不受影響。

〔治療〕：最好利用飲食改善。大量攝取含鐵多的食品，紅色的肉、魚、大豆製品、海藻類、貝類、黃綠色蔬菜等等，而維他命C及蛋白質也有助於鐵質吸收，應混合食用。

對於貧血的現象，也有人以鐵劑治療，這是最迅速的治療法，但因人而異可能造成胃腸障礙，最好和醫生商量後再服用。

△心悸、喘息

由於子宮增大，橫膈膜往上壓，使得肺部受壓迫，感覺呼吸不舒服。另外，因為血液量增加三成，造成心臟負擔，不少人會心悸。

不影響日常生活的心悸或喘息，不必太過擔心，為了不使身體負荷過重，可以放慢動作，以自己覺得最舒服的姿勢休息。

△腹脹

子宮收縮時，會感到腹脹，活動過度、提重物也容易產生腹脹，應格外注意。

腹脹程度不強並不成問題。只要躺一下就好了，但情況和平常不同時，就得至醫院檢查。

△手腳腫、麻

很多孕婦都有早晨起床時手腳麻木的經驗，不需要特別擔心，平常多活動手腳即可。維他命B_1及鈣質不足也是症狀出現的原因。

為了預防腫脹，應該控制鹽分攝取，並保持充分休息。

△黑斑、雀斑

由於懷孕荷爾蒙的作用，黑色素容易沈澱，往往產生黑斑、雀斑，生產後色素會逐漸變淡。平常應避免紫外線直接照射，利用帽子、陽傘、防曬油均可。

蓮藕湯止咳

蓮藕湯止咳效果良好，務必一試。

作法：

①蓮藕去皮切片，用布擰出三十～四十cc蓮藕汁。②加入一杯地瓜粉攪拌。③注入一五〇cc熱水，攪拌至透明狀，放入鍋內用文火煮開。

一日服用二次。注意不要吃水果、糖果等甜食。

胎教

也許很多母親認為聽優美音樂、看美麗的畫，可以將此訊息傳達給腹中胎兒，生出頭腦比較好的小孩。但並沒有確實資料顯示，胎敎會影響胎兒頭腦好壞。

什麼刺激對胎兒腦部比較好？醫學至今仍無法肯定。胎教本來就是良好的腹中環境。母親精神安定、由衷期待胎兒降臨，這種愉快的心情，與胎兒順利發育息息相關。

腹中胎兒的能力，至今一點一滴被發現。

・對光線的感覺（懷孕七個月之後）。當母親腹部受強光時，胎兒眼皮會張合，好像知道晝夜變化。

・聽腹部外側的聲音（懷孕七〜八個月）。對外在聲音表示反應，也會聽母親體內血流聲音、動脈聲音、胃腸蠕動聲音等。

・有味覺，知道甜味。

・有記憶力。

對於在腹中所聽見的聲音，經由實驗證明，出生後會產生反應。

培養興趣渡過快樂的每一天

夫妻共創美滿家庭

每日生活規律

坊間有售胎教用CD、錄影帶

整理居家環境

和腹中胎兒說說話

隨處均可進行的產前體操

生產不是病，光是躺著休息反而有害，應該讓身體適度動一動。請穿著寬鬆運動服。

為了防止懷孕期間容易發生的腰痛、背痛等不舒服症狀，也為了生產過程順利，產前必須多做些柔軟運動，當然，和一般慢跑、休閒運動不同。

在教室內練習時，會先量血壓、脈搏數，然後再配合音樂運動，非常愉快。在家裡也可自己隨著優美的旋律輕鬆活動。

產前體操是為了使腰部、骨盤肌肉、關節柔軟，使生產更順利而做的運動。此外，也對因懷孕引起的腰痛、肩酸、腳腫、便秘等具有效果。

進入懷孕中期，身體開始安定。

當腹部感覺疼痛，或有出血現象時，不要勉強，請立刻停止。另外，有流產、早產跡象者，也應依醫師指示休息，不要勉強自己做運動。

雙腳盤坐運動

①雙腳盤坐，背伸直，雙手放在膝蓋上。
②雙手慢慢將雙膝往下壓，深呼吸一次後放鬆。

肩部運動

①雙手高舉輕放在肩上。
②向前、向後描畫大圓圈。

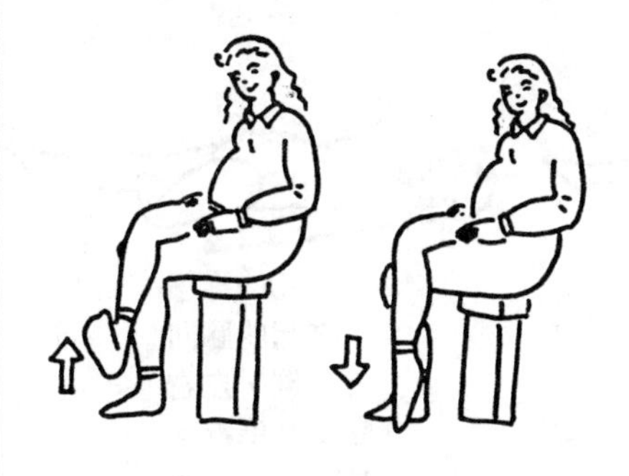

腳脖子運動

①以最舒服的姿勢坐在椅子上，一腳翹在另一腳上，上方的腳脖子慢慢上下運動。
②換腳重複相同動作。

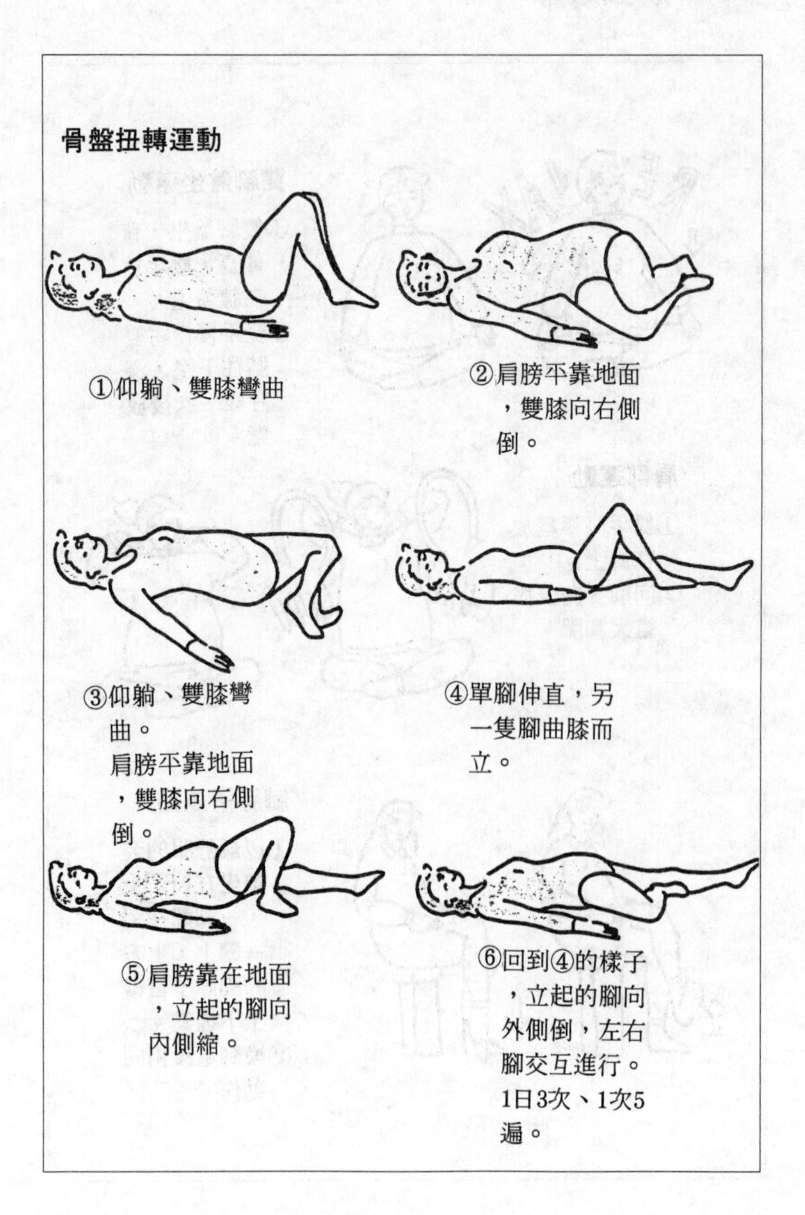
骨盤扭轉運動
①仰躺、雙膝彎曲
②肩膀平靠地面，雙膝向右側倒。
③仰躺、雙膝彎曲。
肩膀平靠地面，雙膝向右側倒。
④單腳伸直，另一隻腳曲膝而立。
⑤肩膀靠在地面，立起的腳向內側縮。
⑥回到④的樣子，立起的腳向外側倒，左右腳交互進行。
1日3次、1次5遍。

利用桌子運動

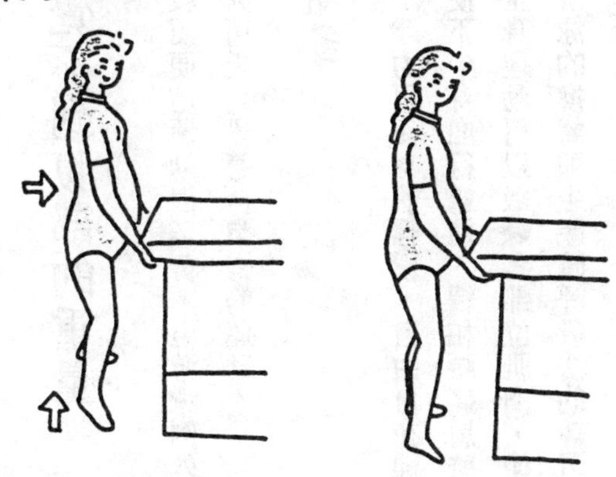

①雙腳打開與肩同寬，雙手從下往上支撐桌面。
②雙腳腳跟往上抬起，同時緊縮臀部，腹部朝桌面突出，雙手往上拉使骨盤向上。
③早晚各進行5分鐘。

骨盤運動

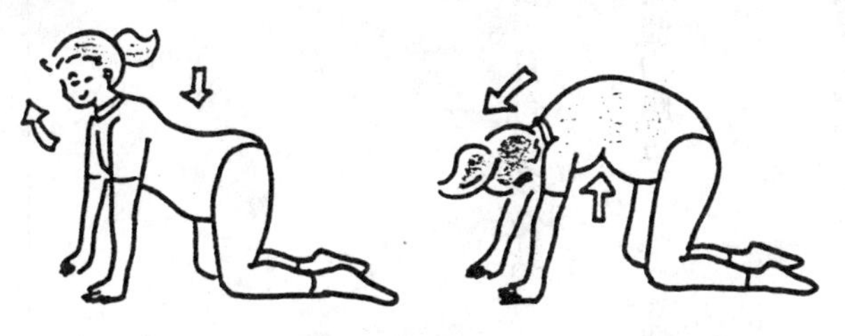

①雙手著地而跪，邊吸氣邊緊縮肛門，呈駝背狀。
②邊吐氣邊拉反轉背部，頭向前點。
③重複此動作10～15次。

孕婦游泳

感覺不到腹部的重量

大腹便便地運動很辛苦，但游泳例外。

游泳可說是最適合孕婦的運動。

△優點多

水中浮力可使身體輕鬆，自由自在地在水中動來動去，具有許多優點。

- 使下半身血行暢通、緩和腰痛肩酸。
- 全身運動可以鍛鍊各部位肌肉，使生產時有足夠的體力應付。
- 游泳的換氣即生產時呼吸法的練習。
- 心情也會放鬆。
- 孕婦朋友們在水中交換資訊，可達到消除緊張的效果。

△什麼時候開始？

懷孕五個月開始即可游泳（懷孕初期有流產的危險）。請先得到醫師的許可，如果沒有發生異常，可以一直游至生產前。

但這只限於懷孕過程順利的人，有流產、早產跡象，或出現妊娠中毒、糖尿病併發症的人不能游泳。前次有流產、早產經驗者，原則上也應避免。

△什麼樣的設施為佳？

最好選擇離家近的游泳池。

如果有專門設備，可在游泳前後量血壓、脈搏，檢查健康狀況。在教練選擇方面，除了具備運動知識外，還應有孕期常識。

游泳屬於激烈運動，在游泳前後一定要量血壓、脈博、體溫等。如果開始後覺得身體不舒服，請立刻停止，不要勉強。

游泳後必須充分休息。

不會游泳的孕婦也可以開始，教練會依程度分別指導，懷孕期間使用游泳圈，可消除緊張。因此，不會游泳的人，這時候可以試試看，產後更可以和寶寶一起入水。

腹帶使用法

腹帶配合束褲一起使用

對於愈來愈沈重的腹部，腹帶具有支撐功效。日本有在懷孕第五個月的「戌日」綁腹帶的習俗。腹帶也稱為「孕婦帶」，就是在白布上印紅色壽字，然後纏在下腹部。

△腹帶的功效

腹帶有禦寒及防止鬆弛的功效，能支撐腹部，紓解腰骨、背骨酸疼。

綁腹帶還有促使孕婦注意的心理作用。

醫學上稱即使不綁腹帶，也不會因此發生什麼障礙。

△調整型束腹

白色布製成的腹帶，在上廁所或睡覺時必須拆下來後再重新纏繞。

調整型束腹的出現，對孕婦而言如獲至寶，外出時相當方便，能配合腹部大小調節。

△白布製腹帶

綿質最適合肌膚，能夠依自己腹部大小調節。末端則使用伸縮性素材。

△調整型內衣

柔軟的素材製成的調整型內衣，可以從腰部覆蓋至腹部，上廁所或就診時，只需往上拉即可，非常方便。

如上所述，腹帶種類繁多，請挑選最適合自己的腹帶使用。

腹帶捲法(綿布)

①腹帶對摺後開口朝上捲起。
②從左下方開始捲。左手壓住布的左端，右手輕拉支撐腹部往後捲開。
③至腹部中央，用左手切住折返，折返處重疊、錯開均可。
④最後用安全別針固定，布尾塞入縫內。

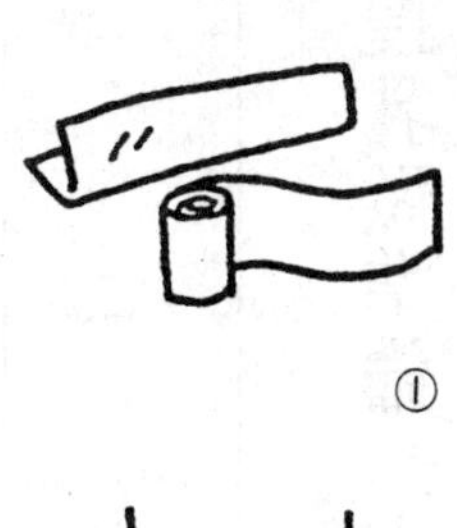
①

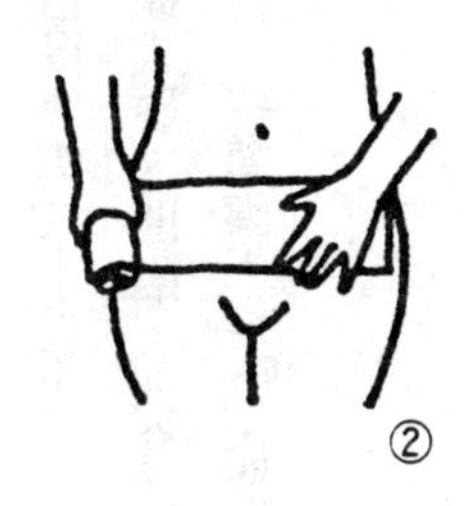
②

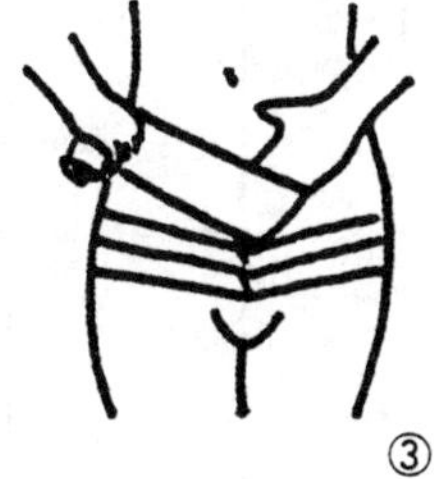
③

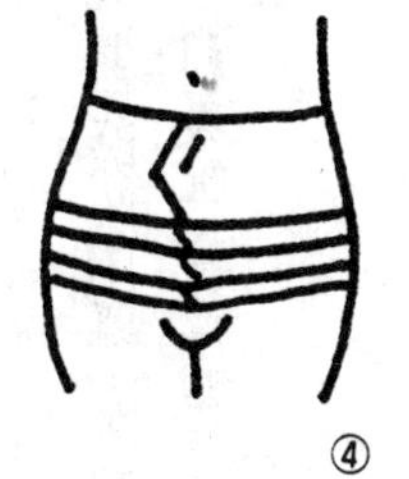
④

乳頭的準備工作

從懷孕中期開始就必須為授乳做準備

乳房會因懷孕而逐漸增大，內衣恐怕也得換個二～三次。

很多媽媽希望「餵母奶」，但如果乳頭太硬、凹陷，則會造成嬰兒吸吮困難，乳腺口阻塞也會使乳汁分泌不順。因此，每天應進行一些準備工作，使嬰兒順利吸吮、乳汁順利排出。

△從何時開始？

由於嬰兒吸吮過強，乳頭被吸傷、疼痛的情形時有所聞。

懷孕時對於乳頭的按摩、刺激很重要。

至於開始按摩乳房時期有多種說法。如果懷孕過程順利，沒有迫切流產、迫切早產等問題時，從懷孕五個月左右開始最適當。

但刺激會促進子宮收縮，如果按摩乳頭之際感覺腹脹，就應該立刻停止，三十分鐘之後

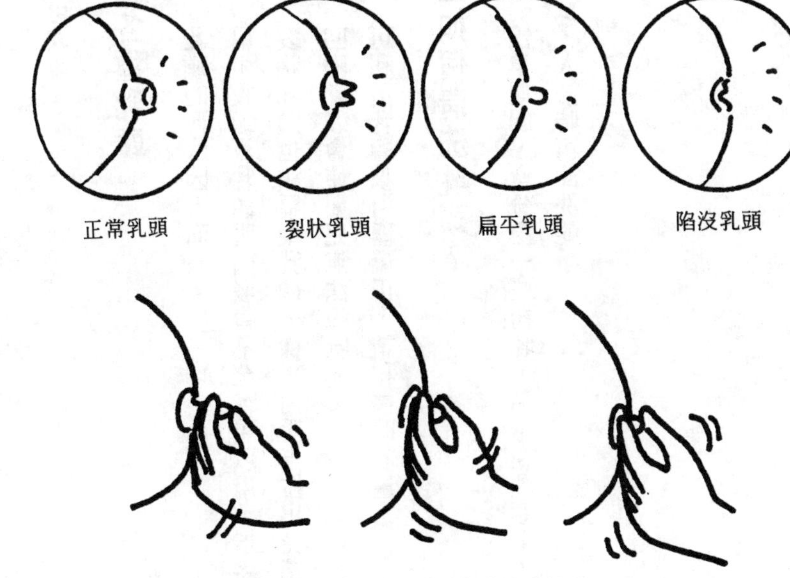

①用手由下往上支撐乳房，另一手手指將乳頭拉出。

②抓住乳頭左右轉。

③指尖以圓形按摩乳房。

④入浴前用嬰兒油清潔乳房

應可恢復。

△各種乳頭

乳頭的形狀因人而異。

扁平乳頭為乳頭肌肉發育不全，可以用手指將乳頭拉出、按摩。

裂狀乳頭也和扁平乳頭一樣，用手指拉出持續按摩凹陷處。

凹陷乳頭會使嬰兒無法吸吮。

可利用乳頭吸引器矯正，請和醫師商量。

△如何清洗乳頭？

懷孕期間，會分泌一些初乳，黏結在乳頭上，此時可在入浴前先用嬰兒油沾在脫脂綿上擦拭，入浴時再沖洗乾淨。

懷孕中期的生活方式

保持身心愉快

到了懷孕中期，胎盤已經完成，整個人從初期嘔吐、擔心流產的緊張中解放，體形也逐漸豐滿，有即將為人母的模樣。此時可稱為最容易渡過的安定期。

△進入安定期的母體準備

這是胎兒發育旺盛的時期，浮在羊水中活潑地手足舞蹈，這一刻也讓母親感覺到胎兒生命的氣息，是值得玩味的時期。

不要太拘小節，愉快地迎接每一天。

用超音波檢查出胎兒健康則可安心。由於懷孕時間長，如果一直在意這個、在意那個地限制日常生活，則母親只會不斷緊張而已。

好不容易進入安定期，可以開始適度運動、出外旅行一、二天，當然不可像懷孕前那樣活動，但可以比懷孕初期積極些，使身心放輕鬆。

即使懷孕中期比懷孕初期安定，但不管怎麼說，都還是懷孕期間，不可過度疲勞，家事、運動應在身體狀況許可範圍內進行。

△日常生活注意點

〔**飲食**〕：營養均衡是懷孕任何時期必須注意的，尤其懷孕中期，胎兒成長快速，容易造成母親營養不良，所以必須注意營養充足。

懷孕初期因嚴重嘔吐而飲食攝取不良的母親，也可利用這段安定期恢復營養。

但卡路里及鹽分還是不可攝取過量，肥胖及妊娠中毒往往發生在三十歲以上產婦身上。

〔**排泄**〕：懷孕期間容易便秘，因便秘又容易併發痔瘡，所以應多攝取纖維多的蔬菜、水果，並養成早起排便的好習慣，即使不是在早上，也最好每天有固定排便時間。

〔**牙齒檢查與治療**〕：很多人一到懷孕牙齒就很不好，到了安定時期，最好接受牙醫檢查，如發現蛀牙，也一定要治療好。但還是不要忘記告知牙科醫生，自己在懷孕期間。

〔**保持身體清潔**〕：懷孕期間切記隨時保持身體清潔，因為懷孕期間分泌物增加，黴菌也多，很容易發生陰道念珠菌、黴菌感染。

早期發現則可早期治療，治療方法很簡單，也不會對胎兒造成影響。但再怎麼說，預防重於治療，每日入浴更換內衣褲最重要。

隨時更換衛生護墊，保持乾爽，也很有效果。黴菌喜好潮濕，請盡量保持乾燥。

〔**日常動作**〕：雖說懷孕中期為安定期，但腹部突起卻使得站起、坐下、步行、上下樓梯等日常動作顯得遲鈍。

另外還要注意彎腰拾物、取高處物品時的動作。

會影響動作的「鞋子」也應注意，高跟鞋容易使身體平衡崩壞，不適合此時穿著。

懷孕中期以後的流產原因與初期不同，幾乎都是不小心所造成的意外，值得孕婦多加留意。

運動、休閒方面請參照休閒、運動、性生活項目。

△其他、社會生活注意點

懷孕中期可開始準備生產用品。

記得四週接受一次產檢，如果考慮轉院的話，也請在此時期進行。

職業婦女也應開始尋找生產後小孩的褓姆，如果要回家鄉待產，此時期可開始準備。

建議準媽媽們積極參加媽媽講座，多交朋友，以愉快的心情迎接生產。

孕婦裝

明亮的顏色、款式使心情舒暢

懷孕的後六個月，由於腹部愈來愈大，所以需要穿孕婦裝。專用高價品除了懷孕期間就派不上用場，最好儘量利用手邊現成衣物改製。

△孕婦裝選擇法

選擇時的重點

①不可緊緊包住身體（尤其是腹部）。
②穿脫方便者。
③顏色明亮、款式簡單者。

△內衣選擇法

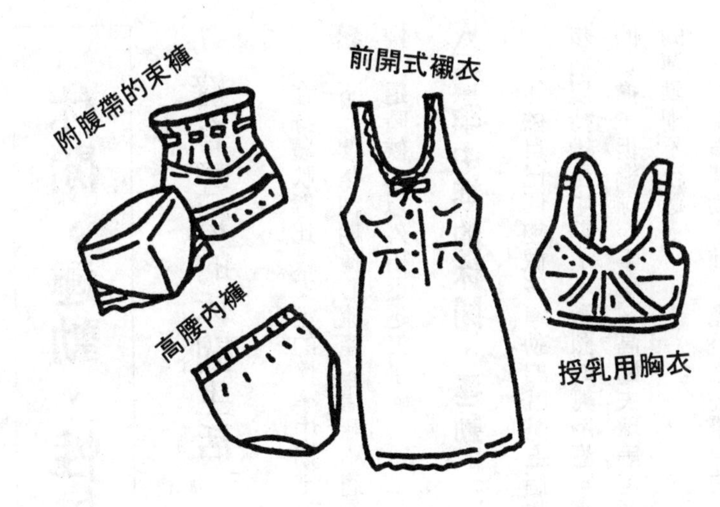

懷孕五個月左右大概就需要了。

①禦寒。

②保護母體。

③吸收分泌物、保持清潔。

即使平常不穿胸罩的人，此時也請以加大尺寸胸罩支撐乳房。

為了支撐腹部，也可用束褲代替腹帶。

前開式襯裙可使腹部感覺舒服，看診或授乳時也很方便。

睡衣以寬鬆、容易活動為原則，最好選擇綿質較適合肌膚。

休閒、運動、性生活

擁有輕鬆的休閒生活

在身體狀態比較安定的懷孕中期，可以讓整個人輕鬆一下，懷孕初期擔心流產、嘔吐不適而關在家中的孕婦，這時候可以外出透透氣了。

△懷孕中期的休閒、運動

能依自己興趣做些運動的就是這個時期。初期的散步可以持續至中期，不激烈的舞蹈應該也不會造成身體的負擔，但網球、手球、高爾夫球等需要腰部瞬間旋轉的運動則不合適。

在從事運動之前，還是徵詢醫生的意見、衡量自己

此時期適合體位

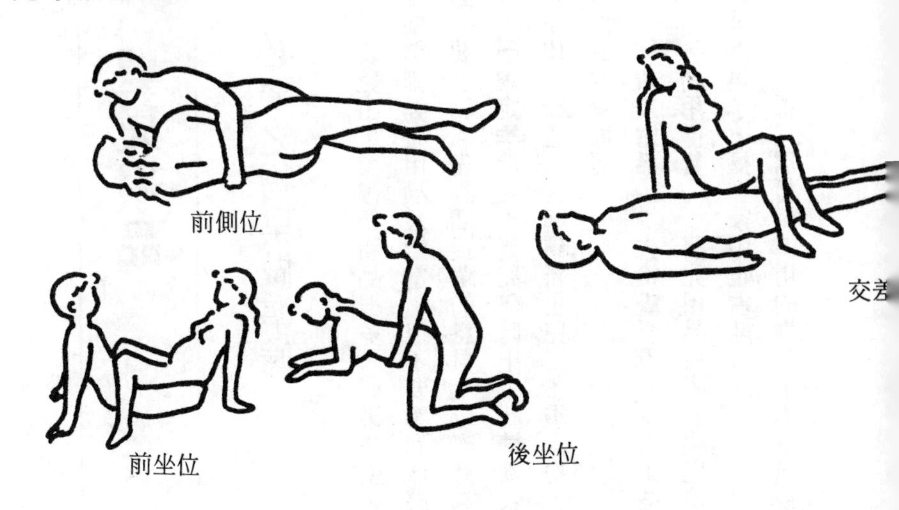

身體狀態比較好。

如果懷孕期間非遠行不可時，也請選在懷孕中期，但必須注意不要搭乘過於搖晃的交通工具，也不要提重物，並隨身攜帶健保卡。

△懷孕中期的性生活

在胎盤完成、妻子腹部突起明顯的懷孕中期，是在進行性生活時，最不必擔心流產的安全時期。由於懷孕期間長，完全禁慾不太可能，夫妻可以在不使妻子緊張、疲勞的情況下，進行愉快的性生活，只是絕對不要忘記腹中胎兒的存在。

嬰兒用品

必要之物早做準備

嬰兒出生後需要物品很多，如果在生產之前備齊，生產後即可安心，在母體安定的懷孕中期準備嬰兒用品最恰當。但不要看到什麼就買什麼，否則以後用不著也是浪費，先購買絕對必要之物。先詢問長輩的意見，以經濟為原則。

〔確定季節〕：嬰兒何時出生？準備衣物時首先應考慮季節。嬰兒發育速度快，如果在夏季出生時也一併準備新生兒用冬季衣物，則到冬季嬰兒就穿不下了，最好準備出生後三個月內的衣服即可。

〔親友贈品〕：先檢查看看親友送來些什麼嬰兒用品，不要買重複了。

〔利用借貸〕：嬰兒用品只限於嬰兒使用，像嬰兒床的使用期限也很短，等嬰兒大一點時就沒用了，擺在家中也占地方。

像這種只需暫時使用的物品，不妨向親友借用。

懷孕中期的Q&A

Q：進入安定期後，可以出國旅行嗎？

A：近處旅行與出國旅行不同，不但氣候、溫度變化大，食物也往往不合，會發生許多想不到的問題，時差也會造成身體情況混亂。

萬一在國外發生狀況，不但就醫時必須用當地語言說明，醫療費也較高。

所以還是避免出國旅行比較妥當。

Q：自己駕車可以嗎？

A：即使懷孕中期為安定期，但也有人容易疲勞、容易腹脹。

而且孕婦的反射神經往往較遲鈍，即使是熟悉的道路，也必須比平常更注意。

Q：突然起立時會出現暈眩狀況，但檢查並無貧血，該如何應對？

A：懷孕期間，血液集中在腹部及下半身，突然起立時，由於腦部血流量少，所以會引起腦貧血。

突然起立時如遇暈眩情況，可以扶持某物站一下子，即可恢復原狀。

應避免在人多、空氣不流通之處待太久，也要注意睡眠充足。

Q：刷牙會出血怎麼辦？

A：懷孕期間由於嘔吐的關係，牙齒容易受磨，牙肉容易出血。如果放任不管，則會形成蛀牙、牙周病，所以還是得仔細刷牙。治療牙齒在懷孕中期最合適，產後因為照顧嬰兒，恐怕比較忙。就診時應告知醫生懷孕事實，在不用痲醉、拔牙的範圍內進行治療。

Q：懷孕七個月時，診斷為胎位不正，聽說可以自然矯正，該如何矯正？又為什麼會胎位不正呢？

A：胎兒在三十週之前，在羊水中呈自由活動狀態，因此胎位並不固定，不必太過擔心。大約有二十％的胎兒在三十週之前為胎位不正，也有懷孕三十八週時，胎位才回復正常的例子。

確實原因並不清楚，但大致是羊水過多、雙胞胎、子宮肌瘤、骨盤形不佳等原因。

Q：聽說懷孕中期有早產情形發生，這時出生的嬰兒可以存活嗎？

A：即使說懷孕中期是安定期，但只是比較安全，並非絕對安全。即使在安定時期，大約二十五人當中有一人早產。

早產與流產不同，早產兒有可能在母體外繼續成長。雖然胎兒體重、內臟各器官的發育和足月產嬰兒不太一樣，但現代醫療已經能救活一〇〇〇公克以下的超未熟兒。

Q：懷孕七個月，吃過醫生開的預防子宮收縮藥，可以進行性生活嗎？

A：子宮收縮會引起陣痛，為了預防早產，最好還是控制性生活。

Q：性行為後少量出血有沒有關係？

A：懷孕期間陰道壁充血、外陰部粘膜較柔軟，容易受傷，因此性行為後的少量出血，不必太過擔心，但如果出血伴隨腹痛時，即應就診。

回家鄉生產者

優點與缺點

很多初產婦希望回娘家生產，三十幾歲的婦女，雙親年紀大概也不小了，或許無法在生產坐月子或育兒上幫妳太多忙。

對於產婦而言，能夠從雜事和不安情緒中得到解放，的確輕鬆多了，而且如果旁邊有豐富經驗的長輩照顧，當然是一大優點。

但卻有中途換醫院、坐車疲累、離開丈夫生活等缺點。孕婦應仔細思考後再決定。

回家鄉生產的過程

懷孕初期：決定回家鄉生產後，應立刻將決定告知主治醫生，而且事先聯絡好生產醫院，否則突然要求沒做過產檢的醫生接生，恐怕會被拒絕。

懷孕中期：回家鄉一次，接受醫生診療，此時請攜帶主治醫師所記錄的檢查經過。

懷孕後期：三十五週之前回到家鄉待產，愈近預產期，恐怕發生破水等麻煩，就回不去了。

產後：產後一個月回醫院檢查，如果沒問題即可回家。

注意交通

請選擇最不造成身體負擔的交通工具，盡量避免搖晃、縮短時間。

遠距離還是搭飛機比較舒適，預產期四十天以內請隨身攜帶醫生診斷書，十四天以內則必須有醫生同行，以免中途發生意外。

搭車者，中途應多休息，不要勉強而行。

不在家也應體貼

如果過程順利，則產前一個月、產後一個月，合計二個月不在家，請事先安排各項家事。

醫院電話、衣服放置場所、各項費用繳交日等等，均應記在明顯之處，而且不要忘記隨時與丈夫保持聯絡，表達關心之意。

第四章

迎接生產（懷孕後期）

胎兒與母體的變化

進入懷孕後期，胎兒已經長大，母親也會明顯感到身體負荷，請忍耐一下。

月	8個月				
週	28	29	30	31	32
胎兒的成長	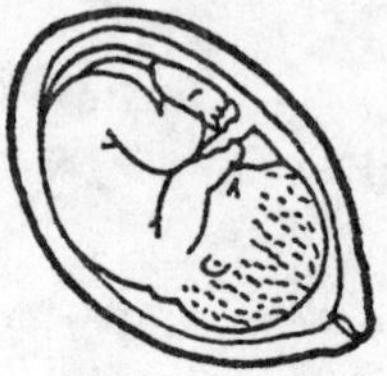 滿八個月時，身高約四十公分、體重約一六〇〇公克。皮下脂肪豐富、皺紋減少，萬一早產也幾乎能在保溫箱中生存。活動力旺盛，肌肉、神經均發達，會用力踢母親腹部。對外界聲音有反應。				滿九個月時，身高約四十五公分，體重二〇〇〇～二五〇〇
母體的變化	二週進行一次產檢。腹部愈來愈大，行動也愈來愈不便。容易腰酸背痛、疲勞、暈眩。子宮底長二十七～二十九公分，胃及心臟受壓迫而覺得不舒服的人很多。腳部往往抽筋、浮腫，也有人感覺呼吸困難，應多休息。乳房、下腹部、外陰道色澤黑，妊娠紋也很明顯。				腹部增大，子宮底長三十一～三十四公分。

10個月				9個月		
39	38	37	36	35	34	33
終於足月了。到了預產期，身高約五十公分、體重約三〇〇〇公克。各器官發達，已經是嬰兒體形，皮下脂肪豐富，呈粉紅色，頭髮二~三公分，指甲也長至指尖。 胎兒為了準備脫離母體，下降至母親的骨盤處，胎兒變得比較安定，亦即胎動減少。				公克。此時生產已具充分生活力。內臟、各器官幾乎完成了。 皮下脂肪豐富，全身胎毛減少，皺紋不見了，頭髮及指甲長出。性器也已完成，女孩大陰唇十分發達、男孩睪丸從陰囊往下降。		
一週進行一次產檢。 子宮底長約三十五公分，位置稍微下降。現在已經沒有壓迫感，心悸也緩和多了，胃部如釋重負，食慾增加。 腹部往前突，挺著身子會感覺腰酸背痛。 隨著產期逼近，子宮下部變得柔軟，子宮也稍微打開，陰道分泌物增加，比以前更頻尿。子宮收縮活潑，經常有假陣痛症狀出現。 生產前有產兆。				胃被往上壓，有人食慾特別好，有人反而吃不下。 由於心臟、肺部受壓迫更強烈，所以呼吸困難，有心悸現象。 胎兒頭部壓迫膀胱，會出現頻尿現象。 乳頭分泌乳汁，陰道分泌物也增加。		

妊娠中毒症

懷孕後期的異常中，尤其應該注意的就是妊娠中毒症。

這是會造成胎盤早期剝離、早產、痙攣、未熟兒，甚至死產、孕婦死亡的恐怖疾病。雖非三十歲以上就一定會罹患妊娠中毒，但還是應努力預防。

△原因？

妊娠中毒發生原因不明，但判斷是母體因懷孕造成負擔而引起。

△症狀

妊娠中毒的三大症狀為：①高血壓、②浮腫、③尿蛋白。

①高血壓

最高血壓一四〇mHg、最低血壓九十mHg以上即為高血壓。大約懷孕二十八週開始，血壓即往上升。眼睛模糊、刺痛時，頭痛、暈眩時，血壓也會上升。

手酸麻

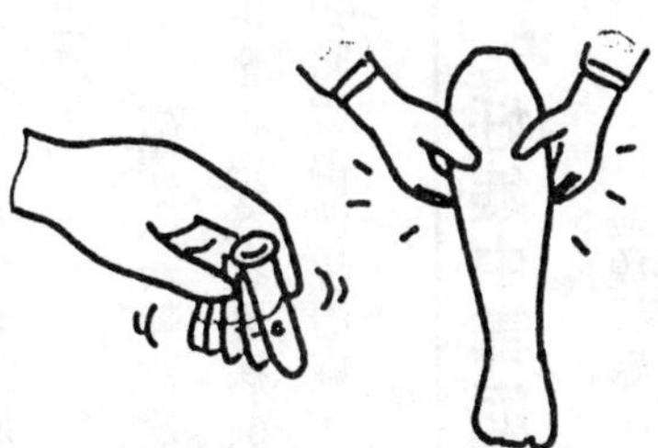

小腿腫脹

蛋白尿

高血壓

有些人屬於本態性高血壓，在懷孕之前即因體質或遺傳而有高血壓症狀者，比健康者罹患比率高。

②浮腫

懷孕後期多多少少都會出現生理上的浮腫，自己感覺得出來。當手腳的肌肉出現浮腫，往下壓後無法復原，休息也不見症狀改善者，即為異常（通常休息到隔天就好了）。臉或眼皮浮腫也要注意。

體重在一週內增加五〇〇公克以上時，即疑為妊娠中毒症。尿量、次數突然減少時也需要小心。

③尿蛋白

定期產檢一定可以檢查出來，妊娠中毒症一定會出現尿蛋白，這是疾病對腎臟、血管造成負擔所出現的結果。恐會使得胎兒發育遲緩，或母親有產後腎臟機能障礙的後遺症，請注意。

△容易罹患妊娠中毒症的人

• 初產者：罹患率為經產婦的二倍。

重要。

・肥胖者：肥胖的人在非懷孕時，罹患高血壓、心臟病的比率就比較高了，控制體重很重要。

・高齡孕婦：年齡愈大，身體的負擔愈重，尤其三十五歲之後容易罹患成人病。但只要注意身體保健，就不會有什麼問題。

・多胎孕婦：雙胞胎、三胞胎等發生率為單胎的五～六倍。

・有舊疾者：原本就有糖尿病、腎臟病、高血壓的人，或家族有遺傳傾向者，必須特別注意。

治療以安靜及食療法為主。鹽分一日攝取量控制在八公克以下，並限制高蛋白、熱量攝取量，這些在發病前就應該注意。如果依前述方法無法治癒時，就必須採藥物療法。還是無效時就得住院治療。不管怎麼說，預防重於治療，請注意日常生活保健。

妊娠中毒症的對策

避免妊娠中毒症的第一重點，就是不要太胖。喜歡甜食的母親要自我控制，懷孕期間糖的代謝作用弱，而且糖也不是必需營養，應控制攝取量。煙、酒也應禁止，長期控制一定會得到好效果。

早產

醫療進步提高存活率

懷孕二十二～三十六週出生的胎兒稱為早產兒，與流產不同，只要二十二週以上，憑現代進步的醫療技術、設備，已有存活的可能性。

但愈早出生則體重愈輕，以肺為中心的身體各機能尚未完成，因此危險性也高。

△原　因

- 子宮頸無力
- 前期破水
- 妊娠中毒
- 糖尿病
- 高血壓

•心臟病

•性行為造成細菌感染

•太過勞動

•子宮異常（子宮肌瘤、子宮畸形）

原因很多，大部分是母體方面的異常，能夠治療者應盡早治療，以預防早產。

［子宮頸無力與子宮頸逢合手術］

早產原因以子宮頸無力最常見。

由於子宮口鬆弛，從懷孕初期即呈張開狀態，隨著胎兒重量增加，因無法支撐胎兒而引起破水，最後導致早產。

這和體質也有關係，有早產記錄者，可進行子宮頸管縫合手術。

△症　狀

與生產過程相同，只是時間提早。亦即腹痛、破水、出血等徵兆出現，接著分娩。

有早產徵兆時，應立刻赴醫院就診，經醫生處置後，可能抑制早產。

△治　療

有早產徵兆時立刻就醫，即使多安胎一天，也多一分好處。

首先抑制子宮收縮。如果子宮口還沒開，可以打點滴藥抑制子宮收縮，使胎兒衝出力量減弱。

破水時為了預防胎兒感染，應使用抗生素。如果子宮口張開，陣痛開始無法控制時，則自然生產。

△早產兒好養嗎？

早產兒幾乎都是未熟兒。

利用進步高度醫療器械，有懷孕二十三週，五〇〇公克左右胎兒被救活的實例。只要在保溫箱中得到妥善照顧，有七十～八十％存活率。

但必須擔心後遺症及各器官尚未發育完成的危險性。

胎兒能在母親子宮內待十個月是最佳狀態，請儘量小心避免早產。

常位胎盤早期剝離

一般的分娩過程是胎兒出生後，胎盤才排出，但常位胎盤早期剝離，是當胎兒還在腹中時，胎盤就分離，會引起激烈腹痛與出血。

△爭取時間盡快處置

即使流出血量少，但往往子宮內已大量出血，母親陷於臉色蒼白狀態。胎盤一旦剝離，則送往胎兒的氧氣便減少，會使胎兒呈休克狀態，對於母子均有高度危險性。

這時最重要的是爭取時間送醫急救，大部分均須進行剖腹產。

△原因與對策

原因約半數起於妊娠中毒。妊娠中毒會造成胎盤血液循環產生障礙，胎盤功能降低，因此，懷孕期間的身體保健很重要。

此外，腹部重擊及精神刺激也會引起胎盤早期剝離，請小心避免外來因素。

前置胎盤

即使少量出血也要檢查

胎盤一般位於子宮口上方約十五公分處，前置胎盤則位於子宮口附近。到了懷孕後期，因陣痛之故，子宮口稍微張開，會有出血現象，但沒有陣痛發生。利用超音波即可診斷，如有出血應盡速就醫。

△原　因

胎盤的位置由受精卵著床的位置決定。如果著床時間遲，或因子宮內膜發炎、受傷、肌瘤、畸形等因素影響，便無法著床於正確位置。

最重要的是避免反覆流、早產、不墮胎、保持清潔不受感染。

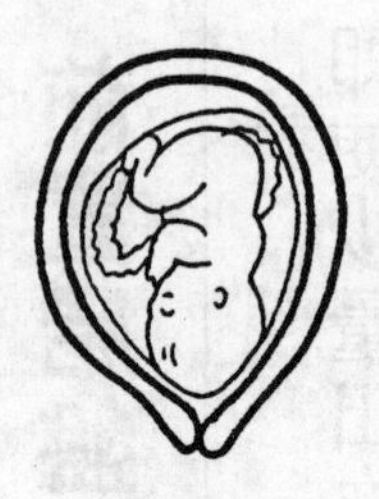

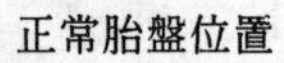

正常胎盤位置

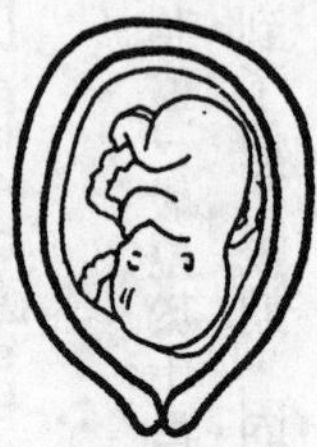

全前置胎盤

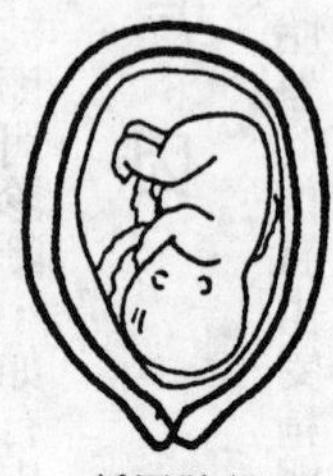

低置胎盤

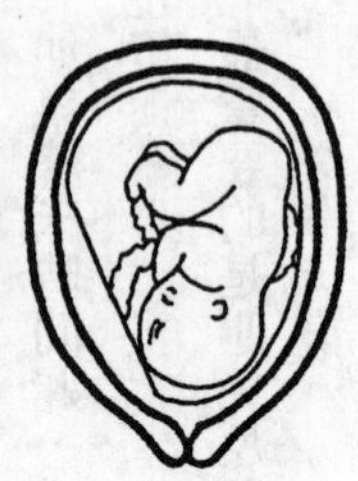

部份前置胎盤

△對策

全前置胎盤時，因胎盤擋住胎兒出口，所以必須進行剖腹產。部分前置胎盤或低置胎盤，假使出血量少、出產經過順利，則可自然生產。

胎盤位置在懷孕期間會產生變化，因此可能恢復正常位置。有出血現象時，請住院治療。

羊水過多症

腹中胎兒所飄浮的液體就是羊水。

正常羊水量在懷孕後期為二〇〇～六〇〇ml，超過八〇〇ml即為「羊水過多症」。

△原　因

・母體方面的原因：糖尿病、心臟病、腎臟疾病、梅毒、子宮內膜炎等。

・胎兒方面的原因：畸形、多胎、胎盤腫瘤、胎兒感染症等。

以上原因會導致羊水吸收不良。

△症　狀

懷孕中期以後，腹部增大，子宮底也增長，會出現胸悶、呼吸困難、反胃、下肢浮腫、便秘等症狀。

△治療

利用超音波斷層法找出原因，由於胎兒畸形機率高，有必要檢查胎兒有無畸形。此外，水頭畸胎、臍帶脫出、泌尿器官異常等可以手術治療的疾患也不少。

出生後必須立即手術治療的情形，應選設備齊全的醫院生產。有些場合則等不到出生，必須在母體內進行手術治療。

治療是利用針刺入腹壁除去羊水，預防早產。

高燒時服蘿蔔湯

這可說是強力解熱劑、發汗劑，對於因感冒而發燒最具有效果。

☆作法

①一杯蘿蔔泥中加入10%的生薑泥。

②加入純正醬油一・五～二杯。

③加入四〇〇cc熱茶。

服下後用棉被包裹身體使汗排出，即可退燒。但不適於體質虛弱者。

子宮內胎兒發育遲緩

懷孕後期一旦胎盤機能不佳，胎兒即會發生營養不良，呈現發育遲緩的狀態，這稱為「子宮內胎兒發育遲緩」。容易引起心音異常、胎兒休克、出生時不會哭泣的新生兒休克、呼吸障礙等現象。

△原　因

常見於母親併發妊娠中毒、糖尿病、腎臟病、心臟病的情形。除此之外，雙胞胎、臍帶附著部位異常、胎盤異常、貧血、吸煙、飲酒也是原因。

△子宮內胎兒死亡

懷孕九～十個月時，胎兒不幸死於腹中。原因有如上述胎兒發育遲緩，以及原因不明的場合，胎兒畸形、先天異常也會造成胎死腹中。當胎死腹中之後，便必須利用人工方法引起陣痛產出。為了母體安全與下次懷孕，必須請醫生慎重處置。

懷孕後期應注意的症狀

不舒服的原因

好不容易,「生產」這座山已經登了八成高,雖然過程順利,但還是有不舒服的症狀。

△腰痛與背痛

〔原因〕

很多人在懷孕期間至生產後,會出現惱人的腰痛現象,這可說是一種生理現象。

由於腹部大,容易往前倒,為了支撐住身體,背骨與骨盤承受相當大的負擔。為了準備生產,骨盤的韌帶柔軟,也是形成骨盤鬆弛的原因之一。

如果從懷孕初期的腰痛一直持續,而且中期之後更嚴重者,必須和醫生商量,也許是脊椎、腎臟、尿道等內臟異常。

〔對策〕

• 不要長時間採同一姿勢，偶爾應改變身體的重心，避免彎腰。
• 背骨挺直是減輕腰部負擔的好方法。避免穿高跟鞋，坐下時應往內坐，減輕身體負擔。
• 與其仰躺不如側躺，枕頭不要太軟。
• 腹帶具有效果。
• 產前體操可鍛鍊背、腰肌肉，散步也不錯。
• 避免提重物以及彎腰等姿勢。

△頻　尿

由於胎兒往下降，壓迫膀胱，所以會出現頻尿情形，夜裡也要起來尿二～三次，往往不得好眠。

懷孕後期尿流緩慢，容易細菌感染，所以千萬不可以憋尿。

△靜脈瘤

子宮增大，則骨盤血管受壓迫，血液不順暢。另外，因懷孕而增加的黃體素使血管壁鬆弛，血液留在靜脈裡，像腫瘤似地膨脹。容易發生於膝蓋內側、腳踝、外陰部、肛門等處。發生部位感覺疼痛、沈重，有時連走路也倍覺吃力。

因應方法是避免長時間持續站立，偶爾讓腳抬高休息。市售之靜脈瘤專用襪頗具效果，入浴也可使血液順暢，減輕不適。

△胸悶、反胃

懷孕後期，子宮底高達三十公分，由於胃被往上頂，所以不可避免地會出現胸悶、反胃等不適症狀，而且因荷爾蒙的關係，胃腸蠕動本來就比平常差。

少量多餐是最佳方法。

接近生產時期，胎兒往下降後，胃就會舒服一些了。

△腳抽筋

夜晚睡覺時，往往腳會突然抽筋、僵硬。

這時請將腳拇趾反轉，然後從腳上往下按摩，很快就會恢復。也不要忘記補充維他命B_1及鈣質。

懷孕後期的生活方式

大腹便便準備生產

到了懷孕後期，胎兒已經長得很大，母親腹部突出，日常生活非常不便。到了臨月，胃的壓迫感及呼吸困難情況稍有改善，但膀胱卻被壓迫得更厲害，有說不出的不舒服。

△身心開始準備生產

懷孕中期一個月一次產檢，到了懷孕八個月時，一個月二次產檢，臨月則一週一次產檢。由於腹部增大，母體容易瘀血，出現各種症狀，這時必須請醫師診斷是否有妊娠中毒。

腹部增大容易產生腰痛，呼吸困難、胸悶等狀況，好像在告訴妳，快生了！

△姿勢正確

〔站法〕：腹部增大則身體不易平衡，尤其懷孕後期，不只動作遲鈍，連轉個身好像都

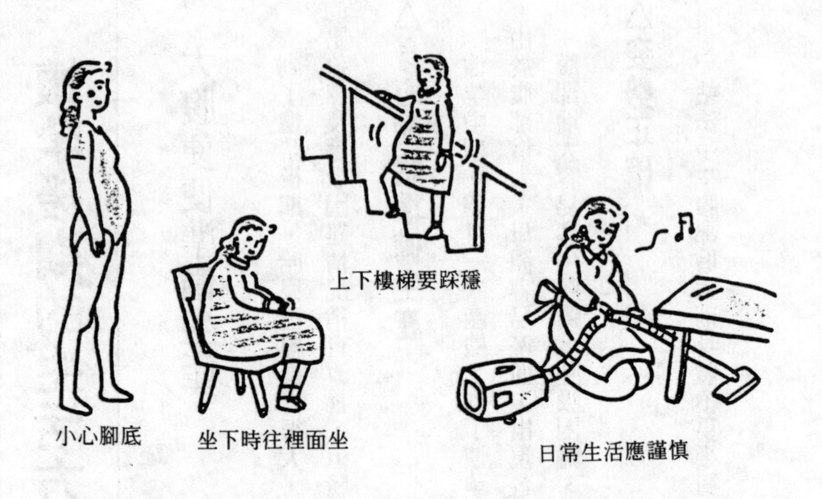

小心腳底　坐下時往裡面坐　上下樓梯要踩穩　日常生活應謹慎

不自然，為了保持骨盤位置正確，務必隨時保持端正姿勢。

〔**走法**〕：即使慢慢走也顯得吃力。

正確方法是頭抬高、雙腳稍微張開、將重心放在雙腳上、腰往前傾。

動作不可太快，一定得一步步地穩穩踏在地面上，注意周圍狀況。

〔**坐法**〕：坐椅子時注意不要摔倒，往椅子裡面坐比較安全。

坐在榻榻米上時，雙腳往前伸直很舒服。坐下時注意不要壓迫腹部。

〔**休息時**〕：休息時盡量採取身體感覺最舒服的姿勢，讓腰、背放鬆、不要壓迫腹部。

〔**不要駝背**〕：駝背會使腹中胎兒受到壓迫，也是造成母親腰酸背痛的原因。

胸式呼吸法

用胸部吸氣、慢慢吐氣。

用力法

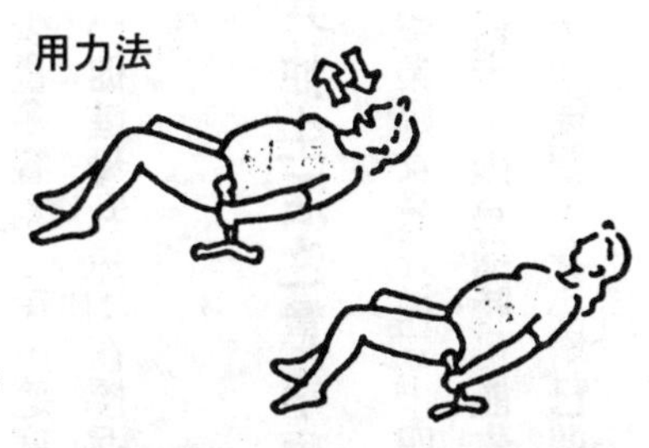

①配合陣痛節拍用鼻子吸氣、吐氣。
②再１次吸氣後停止、用力。

腹式呼吸法

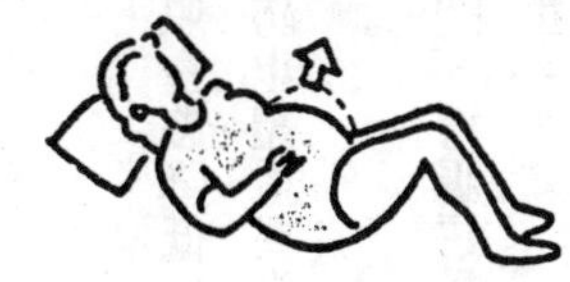

將空氣吸入腹部、慢慢吐氣。

自然側躺體位

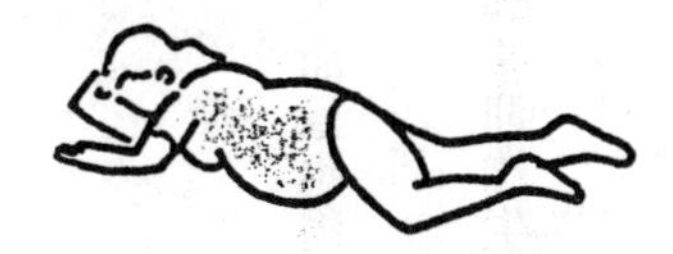

側躺，雙腳彎曲，上方腳往前伸出。

△練習生產時的輔助動作

生產將近時會出現陣痛，此時按摩腹部可減輕疼痛。練習水平按摩、圓形按摩。

在陣痛與陣痛之間，採取最舒服的姿勢，讓身體休息、心情放鬆。

側躺在懷孕後半期子宮受壓迫之際，以及生產時都是比較舒適的姿勢。

另外，也請練習拉馬茲法輔助動作。

△注意飲食均衡

懷孕後期由於胃受壓迫，所以食慾降低。另一方面，在七個月之前增加的食慾，到了第八個月開始，應該加以控制，以防止體重異常增加。

懷孕後期飲食注意要點如下：

〔負擔輕〕：由於反胃、胸悶、胃腸蠕動慢，所以應盡量減輕胃腸負擔。少吃油脂類、多吃易消化食品，但也得注意營養。

少量多餐為上策，適度運動及充分睡眠都對胃腸有益。

〔促進母乳〕：在接近生產的懷孕後期，應多攝取促進母乳分泌的蛋白質、鈣、鐵、維他命等。

△其他生活注意事項

職業婦女最好從三十四週開始請產假，而且應將住院用品準備好，即使外出也要隨身攜帶健保卡，因為隨時可能生產。

懷孕後期，身心均已準備就緒，就只等著迎接生產之日了。

孕婦裝

以保護腹部為優先

到了懷孕後期，像中期腹部不很明顯的服裝已經派不上用場了，這時務必穿著能保護腹中胎兒的寬鬆孕婦裝，不要繫腰帶。

前釦式的吊帶孕婦裝，不正可以讓妳玩味小女孩時的感覺嗎？

長褲也和裙子一樣，必須選擇腹部寬鬆者，襯衫必須選擇孕婦專用的穿起來才舒適。如果在冬季寒冷時，可在寬鬆衣物內加束腹。

懷孕時期的鞋子選法比平常重要。

首先一定要挑平底鞋，高跟鞋不但影響母親，也會影響胎兒。

此時期活動不要太快，絕對要避免跌倒，最好鞋底有防滑設計，以容易穿脫的深度皮鞋為佳，太淺的皮鞋危險度高。

休閒、運動、性生活

快樂迎接生產

懷孕後期必須限制休閒、運動，全家人以愉快的心情迎接腹中小生命的來臨。

△全家愉快準備

最好全家人共同準備嬰兒用品、住院必備品，共同以愉快的心情迎接小生命。

懷孕後期最適合的運動就是散步，以不疲倦爲原則，每天到附近走一走，讓心情舒服些。另外，在家看書、聽音樂、為嬰兒編織衣襪也不錯。

△懷孕後期的性生活

懷孕後期子宮容易收縮，陰道也比較容易受傷，會引起裂傷、破水、早產等狀態，應特別注意插入不要深、不要壓迫腹部。

△性行為與早產

懷孕期間，妻子的狀態與平常不同，不論肉體與精神，均有別於丈夫。為人妻、人母的心理負擔，不是一般人所能體會的。

即使初期危險渡過，經超音波檢查胎兒正常，到了中期還是得擔心性行為會不會造成早產，這是因為精液中的前列腺素所致，前列腺素具有促進陣痛效果，這種效果在預產期愈近時，愈發揮得完全。

所以丈夫應以體貼之心陪妻子渡過懷孕期。

此時期適合體位

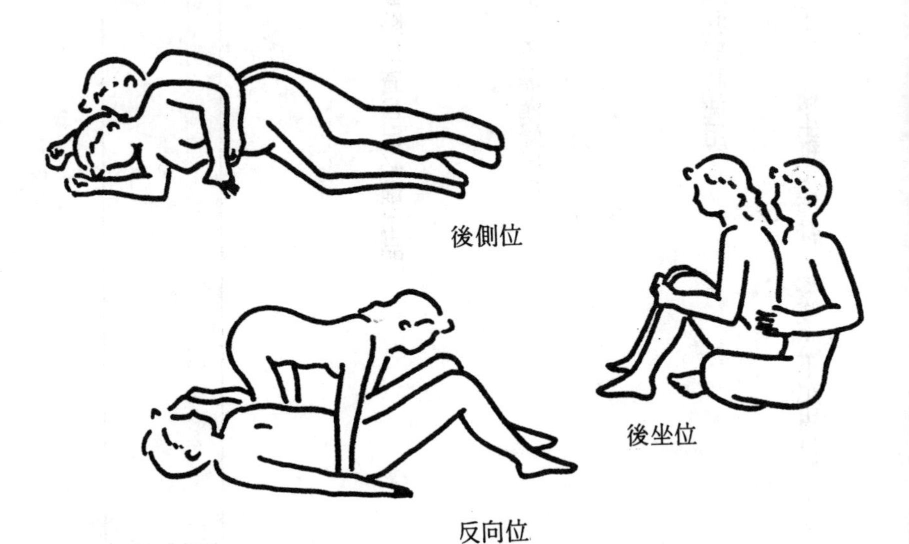

住院的準備

從容準備物品

每家醫院準備的物品不同，生產前應配合醫院檢查自己必備用品。

△住院時必備用品

- 睡衣：棉質為佳。最近許多醫院都有準備，不需產婦另備。
- 出院衣服。
- 產婦專用衛生棉。
- 腹帶：產後保護腹部用。
- 毛巾五～六條：除了洗臉之外，還有按摩乳房時使用。
- 授乳內衣墊：前開式，便於授乳。
- 日用品：洗臉盆、湯匙、筷子、水果刀、手帕、衛生紙、拖鞋、零錢、筆記用具等等。

・時鐘：記錄陣痛間隔，最好有秒針。

△輔助用品

・郵票、明信片：向親友報告喜訊。
・照相機、錄影機：為新生兒拍攝留念。
・紙尿片。
・紙杯、紙盤：方便在病房內進食。
・濕紙巾。
・小手提包：到授乳室或福利社時，隨身放置貴重物品。

出院時必備用品如下：

・母親衣服：產後體型不能立刻恢復，最好準備寬大一點的衣服。
・嬰兒衣服：紗布內衣、外衣、毛巾。
・費用。

住院前準備事項

緊急時聯絡處所置於電話旁

已經準備好隨時可以住院了吧！不在家時的注意事項也大概都交待清楚了。

重要時的緊急聯絡電話、住址，應放在電話旁，讓他人一目瞭然。

- 聯絡電話
- 生產醫院
- 丈夫的公司電話
- 婆家電話
- 娘家電話
- 緊急聯絡親友電話
- 計程車服務電話

△家中留言板

妻子赴醫院生產之前，應將家中整頓好，廚房、餐具都應清洗乾淨，以便出院後立即可用。

衣服放置位置、存摺、印章、提款卡等保管場所，都應事先記在留言板上，方便家人使用。

△出院生活之預備

出院後多了一個小寶寶，媽媽又必須休養恢復身體，此時最好有家人幫助家事，坊間許多月子中心也可事先探聽。

懷孕後期的Q&A

Q：想回家鄉生產，該注意哪些事項？

A：回家鄉後就像做客一樣，什麼事也不做，反而有害身體，適度運動很重要。如果沒有妊娠中毒或早產現象，應該積極參與家事。產後也不應該將嬰兒全交由婆婆或媽媽帶，最好請長輩在這段期間充分指導，自己則趁這段時間好好學習才是上策。

Q：懷孕八個月，最近常掉頭髮，怎麼辦？

A：懷孕期或產後掉髮是一種生理現象，不必太擔心。等月經再開始時，自然就恢復了。現在最重要的是飲食均衡，充分攝取蛋白質、炭水化合物、脂肪等三大營養，另外也要多食海藻類食品。

Q：已到臨月時間，經常失眠怎麼辦？

A：由於腹部增大，不但仰躺不適，連側躺都不太舒服，加上胎動、頻尿等現象，也許真的很難入眠。

不要太在意，白天多散步活動身體、縮短午睡時間也是個好方法。

Q：接近預產期，怎麼胎動還是很厲害？

A：所謂接近預產期，則胎動減少，並不是完全不動。即使在生產當中，胎兒還是一直動。

完全不動才令人擔心。

請丈夫同心協力

懷孕期間身心均產生變化

懷孕以來，妻子的身體一直變化，隨著乳房、腹部的增大，孕婦心情也產生變化，一點小事就緊張，容易情緒不安定。

此時，丈夫就擔負輔導員的任務，生產的整個過程，並非只是女性的事，現代男性也應該積極參與，與妻子同心協力迎接小寶寶的降臨。

溫柔體貼

愛的小窩多了一分子——多美好啊！二人必須為此而加油，妻子最依賴的就是丈夫了！

說到體貼，最直接的就是分擔家事，積極協助家事，本來就是現代男性的職責，在妻子懷孕期間，就更不可推諉。除此之外，休息時幫妻子按摩腰、背、腿等，也可促近倆人親密關係。

丈夫的一點點體貼，妻子不知有多高興！

遇到問題時由丈夫出馬

妻子懷孕期間，丈夫可說是妻子與醫院之間的橋樑，當必須簽手術、醫療同意書時，全都得靠丈夫，總不能在必要時，對妻子的事一問三不知吧！

最近很多丈夫也陪妻子上媽媽教室，這是可喜的現象，使丈夫也能吸收相關知識。

希望夫妻共同渡過懷孕至生產的各項難關。

嬰兒誕生後

除了授乳是母親的特權之外，其他一切事情父親均可幫忙。育兒是二人共同的事業，在相處、照料過程中，觀察嬰兒一天天不同的表情變化，才能享受到難以言喻的幸福感。

沐浴、更衣、換尿片、餵開水等，父親均可協助，即使工作再忙，也請撥一點時間參加育兒工作，因為這段時間稍縱即逝。

第五章

終於要生產了

生產徵兆

生產不是突發事件

漫長的懷孕終於將近尾聲了，是不是又欣喜又安定不下來呢？產期將近，母體會產生種種變化。

△掌握產兆

生產不是突然開始的，腹中胎兒會「慢慢地」傳送訊息，產婦必須正確判斷、理性處理，這一點和二十歲產婦並無二樣。

・胃部壓迫感消失

在腹中成長，壓迫胃部、胸部的胎兒，接近產期便會往下降，亦即胎兒頭部進入骨盤內。胸悶之苦得以紓解，食慾增加。

・不規則腹脹

正期產

懷孕37～41週生產均為正常，稱為「正期產」。亦即在此時期出生均ＯＫ，預產期只是概略的預計日期。

腹部一日反覆數次脹縮，這也是為生產做準備，胎兒頭部下至骨盤、子宮不規則收縮所致，這稱為「前驅陣痛」。

以十分鐘為間隔的規則性收縮，才是真正開始生產的陣痛。

・頻尿愈嚴重

雖然上方的胃舒服了，但往下降的胎兒頭部卻壓迫膀胱。使得頻尿情況更嚴重。夜裡要起床好幾次上廁所，始終覺得有尿液留在膀胱裡。排便次數增加，也有人便秘更嚴重。

・胎動減少

胎兒頭部往下固定在骨盤內的同時，由於子宮收縮稍強，所以胎兒活動不便，因此胎動減少。產婦必須擔心的是完全沒有胎動的情形。

・分泌物增加

透明、乳白色、黏稠的分泌物增多，這是子宮頸打開、方便胎兒通過產道之故。茶色的分泌物即摻雜血液，為陣痛開始的前兆。

・腳跟刺痛

這也是胎兒頭部進入骨盤之故，由於周圍神經受壓迫，所以腳跟疼痛、步行困難。

此外，為了使胎兒容易產出，所以腰部關節比較鬆弛，也會引起腰痛。

開始生產時

陣痛、出血、破水

真正的產兆是陣痛、出血、破水，不要慌張，謹慎處理。

△終於真正產兆出現了

生產一般過程為陣痛（規則子宮收縮）→子宮口全開→破水。但約有一～二成產婦為陣痛前破水。

總而言之，這三項產兆的順序有一定，每一種都是生產的訊息。當產兆出現時，必須準備住院。

1、陣痛……

子宮規則地收縮

之前一日數次腹脹，漸漸成為規則性疼痛。
腹部愈來愈硬，伴隨著規則性疼痛。
最初妳也許會懷疑「這是陣痛嗎？」漸漸地，疼痛愈來愈明顯。
初產婦陣痛間隔十分鐘，就該準備住院，陣痛時間應記錄。
經產婦的生產比初產婦快，所以二十分鐘間隔陣痛即應住院較安全。
陣痛發生至住院之前，還有一點時間。
吃點東西洗個澡都可以，最後卸妝、再一次檢查攜帶物品。

2、出血……

出現血性分泌物

子宮口張開，包裹胎兒的卵膜從子宮剝落而出血，血液與粘性強的分泌物混合，呈現淡粉紅色或褐色，這就是接近生產的「出血」。
但並非出血就立刻發生陣痛，有些產婦經過二～三天後才生產。

3、破水……

溫和液體流出

包裹胎兒的卵膜破裂，羊水流出即為「破水」，羊水無色、有點溫度，與分泌物很好區別。破水之後不久就會生產，所以有破水現象時，應墊上衛生棉就醫。

一旦破水即擔心細菌感染，絕對禁止入浴。也有臍帶從破裂處脫出的危險性。

即使醫院離家近也不要步行，一定要坐車、側躺、雙腳抬高

△早期破水與前期破水

通常陣痛開始，子宮口接近全開時，即會破水，在此之前破水稱為「早期破水」。

而子宮口未開、陣痛尚未發生時破水，稱為「前期破水」。

不論哪一種都是產兆，應立即住院。

終於要生產了

與胎兒見面進入倒數階段

住院之後，就是生產過程的開始，心中充滿著緊張與不安。但有醫生、護士協助，妳什麼也別擔心。在此讓妳了解生產過程。

分娩第Ⅰ期（開口期）〔陣痛開始～子宮口全開〕

平均所需時間，初產婦為十～十二小時，經產婦為五～六小時。

〔**診察**〕：向醫生說明產兆，接受內診。從子宮口張開情形，大致可以推測生產時間。

〔**進入待產室**〕：先穿上醫院所準備的衣服。

護士會為妳剃陰毛、灌腸。剃毛是為了陰部清潔，預防感染及方便會陰縫合。灌腸是為了防止生產時大便排出之處置。

接著進入待產室。第Ⅰ期費時很久，從陣痛開始隔十分鐘，至間隔十～二十秒，開始持

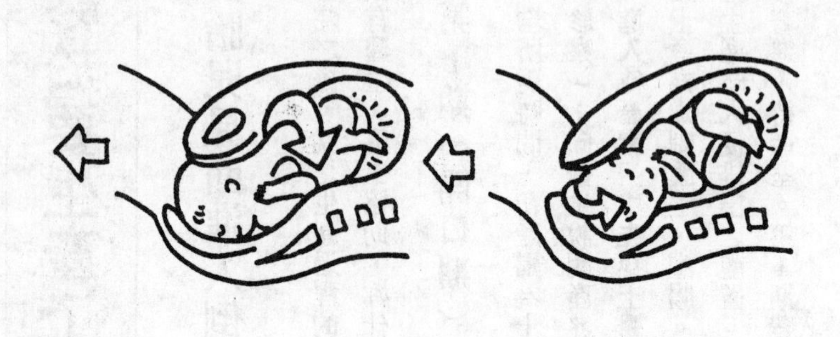

續時間較長，接著逐漸縮短。

〔**子宮口全開**〕：分娩第Ⅰ期所需要時間因人而異。

子宮不斷收縮、不斷張開，子宮口開至五公分，大約要七～八小時，接著就比較快了。

到了子宮口開七～八公分，才真正劇烈疼痛，此時唯有忍耐一途。

〔**儘量放鬆**〕：一開始陣痛程度輕、間隔長，這期間可吃些東西、聊聊天。

第Ⅰ期不能消耗太多體力，不吃、不喝、不睡熬到第Ⅱ期，就沒有力氣了。所以第Ⅰ期儘量輕鬆、採取舒服的姿勢。

千萬別緊張，看看雜誌、聽聽音樂都好。

想上廁所也不可以忍耐。

〔**冷靜進行呼吸法及輔助動作**〕：到了後半，疼痛愈來愈激烈，此刻進行呼吸法及輔助動作很有效果

胎兒生產過程

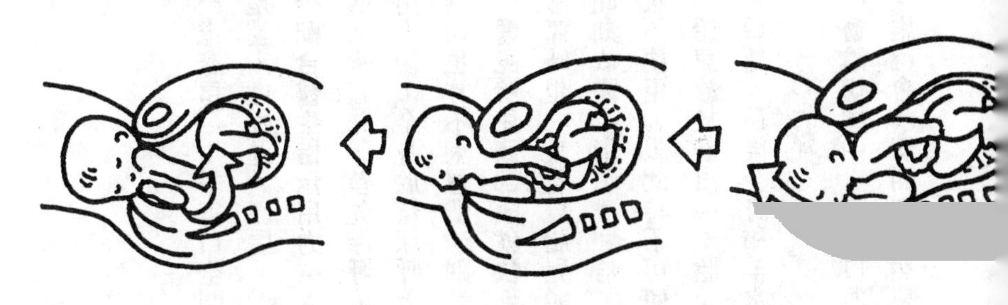

胎兒邊旋轉邊產出

。當陣痛波來臨時，首先深呼吸，接著動員以前練習過的按摩法、壓迫法，盡量緩和陣痛。

這種痛楚絕非永遠持續，而且胎兒也在加油。

分娩第II期（娩出期）〔子宮口全開～嬰兒分娩〕

平均所需時間，初產婦約二～四小時，經產婦約一～二小時。

〔**胎兒邊轉邊出**〕：胎兒慢慢往產道移動。

排臨：隨著陣痛波，一用力則胎兒的頭部若隱若現，這正是重要關頭。

發露：即使陣痛持續，胎兒的頭還是虛晃一下而已，最後加油使力。

發露之後，胎兒即自力排出。這時不要使勁用力，改為急促呼吸。

頭部從產道出來後，再向側轉，接著肩膀也出來了。

〔**進產房**〕：子宮口全開後，即想排便、排尿，自然下腹用力，這種「使力」無法忍耐，於是護士推妳進入產房。

〔**配合醫生指示用力**〕：上了生產檯，陣痛因破水而加強，一～二分鐘便陣痛一分鐘。當陣痛波來臨時，首先深呼吸，配合醫生指示緩緩吐氣，肛門用力（非腹部）將胎兒壓出，使勁用力後，全身放鬆深呼吸，休息準備下一次使力。

最初也許不太習慣，隨著子宮收縮愈來愈劇烈，變成自然狀態。

〔**看見胎兒頭部後就快到終點了**〕：到了第Ⅱ期後半，從外陰部已看得見胎兒頭部。在沒有陣痛時也一直看見胎兒頭部的話，就是最後一程了。

此刻依醫生指示，「哈—哈—哈—」地急促呼吸，等待胎兒頭部出來。雙手交叉於胸前，下腹不要用力，此時不可使勁用力。

〔**胎兒終於產出**〕：胎兒隨自然陣痛往外壓出，母親盡量放鬆全身力量。當頭部產出後，接著肩部，最後全身和羊水一起滑出。就在妳心想「是不是出來了？」的同時，會聽到「哇——」的一聲。

〔**會陰切開**〕：陰道口與肛門之間的部分即會陰。當會陰伸縮不佳，有裂傷的可能性時，必須施行會陰切開。自然裂開的傷口不整齊，縫合困難，治療也不易，最好局部麻醉切開三～五公分。

分娩第Ⅲ期（產後期）〔胎盤娩出〕

平均需時十～二十分鐘。

胎兒產出，醫師用吸管將鼻、口中的羊水、分泌物吸乾淨，切斷長期和母親相連的臍帶。

〔萬事終了〕：漫長的產程終於結束，隨著胎兒產出，陣痛也結束。接下來是二～十分鐘的輕度疼痛，這是子宮恢復原來大小的收縮。另一方面，胎盤開始脫離子宮壁，輕輕用力便有些許出血與胎盤一起排出，至此萬事終了。

最近有在胎兒產出後立即注射子宮收縮劑的情形，使得第Ⅲ期更快速。

胎盤無法排出的場合，可以施予按摩或拉臍帶。

產後期結束後，即進行會陰切開的縫合及消毒，然後在恢復室休息二～三小時，觀察有無大量出血。

〔感謝之言〕：在汗與淚交織的過程中，終於完成「女人重大任務」。別忘了，也向醫生、護士說聲謝謝。

左等右盼的嬰兒

難忘的一瞬間

當臍帶切斷的一刹那，第一個念頭就是，「嬰兒身體有沒有異常」。從外觀的手腳、眼、耳、鼻、口、關節、性器官，至內在的心臟、呼吸狀態都應再檢查一次。

△洗　澡

嬰兒出生後立即洗澡會著涼，所以應避免，有些醫院在出生後只先洗頭，至於洗澡時間因醫院而異，大概在出生後六小時至隔天。

△身體檢查

進行體重、身高、頭圍、胸圍的測量記錄。有必要保溫的早產兒或應全身狀態觀察的新生兒，則送至保溫箱內。

為了避免弄錯，必須在嬰兒手腕或腳踝上掛母親姓名牌。

△感動的見面

嬰兒包裹好後，便會由護士抱來與母親見面。

妳可以摸摸孩子的頭，碰碰孩子的手……這可說是人生最感動的一刻。

母子同房與分房

產後母子同房而住，可使母親早點熟悉自己的小孩，但也許媽媽就比較沒時間休息。一般醫院多採母子分房制，照顧嬰兒的工作由新生兒室負責，母親只在餵乳時與嬰兒見面。也有在產後第三天開始同房，或只在夜間分房的設施，請依需要選擇。

生產的流程

配合指示、自然用力

生產之三大要素為①產道、②分娩力、③胎兒。只要三要素配合得宜，產程即可順利。其中任何一項發生困難，都會造成難產。

①產道：胎兒的通道

分為由子宮頸、陰道、外陰部組成的軟產道，及骨盤之骨產道。軟產道柔軟、骨產道寬度容納得下胎兒頭部為必要條件。

接近產期，與堅硬骨產道相連的胎盤分泌荷爾蒙，使骨產道軟柔、軟產道伸展，便於胎兒通過。

三十歲之後生產者，其軟產道的伸展情形多少有些不佳。

②分娩力：產出胎兒的力量

胎兒隨著子宮收縮（陣痛）而產出。

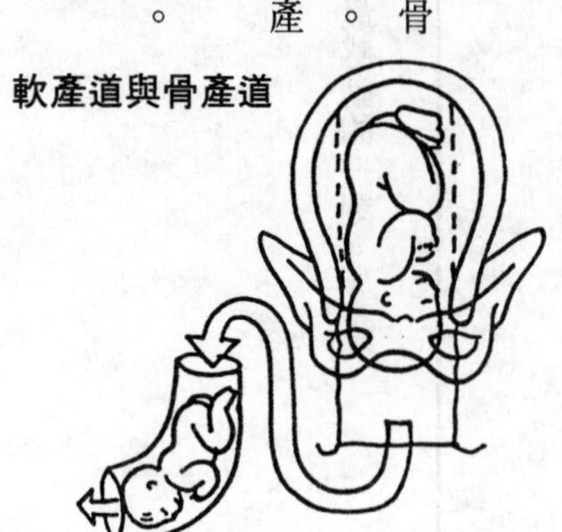

軟產道與骨產道

反覆陣痛。

←卵膜（裝羊水的袋子）內的壓力升高，羊水向子宮口尋求出口，羊水漲滿胎兒頭部前端，壓寬子宮口。

←胎兒頭部往下，子宮頸壁慢慢擴張。子宮口全開（直徑約十公分）時，卵膜破裂、羊水流出（破水）。

←子宮持續強烈收縮，引起母體自然用力，像排便一樣地用力壓出胎兒。

③胎兒：被產出的適應力

胎兒的頭蓋骨柔軟且薄，骨與骨之間也是柔軟組織，為了從狹窄的產道通過，必須調節骨與頭形，剛出生的胎兒頭部幾乎都呈細長形，就是這個原因。

另外，胎兒還需下顎抵胸，縮得小小的，盡量以不抵抗之形旋轉身體往前進，這是一種自然具備的能力。

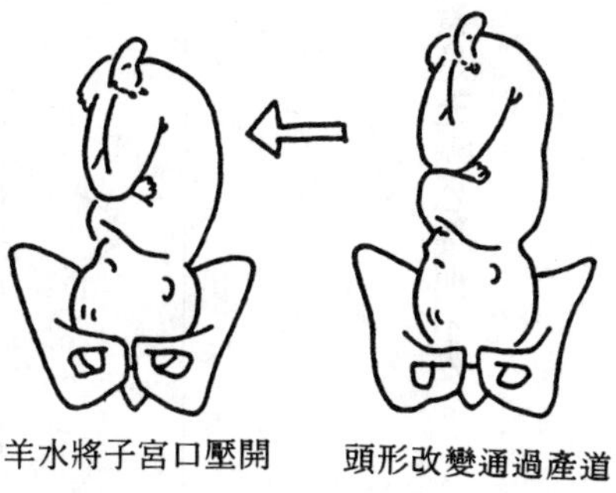

頭形改變通過產道

羊水將子宮口壓開

應付陣痛法

在間隔時放鬆是訣竅之一

陣痛給人的印象是劇烈疼痛，即使過了三十歲，第一次碰到還是充滿恐懼與不安。

△高齡生產與陣痛

不要太擔心，疼痛程度與年齡多寡無關，均依各人承受性而異。陣痛也有一些緩和方法，最好先練習呼吸法及輔助動作。

根據統計，分娩所需時間與年齡並無直接關係，產道柔軟度也因人而異。

△陣痛有陣痛波

在陣痛與陣痛之間，會有休息間隔，此時應放鬆身體、不要出力。

為了緩和陣痛的疼痛程度、請記住下列呼吸法及輔助動作。這對緩和陣痛具有不錯效果

緩和陣痛的腹部按摩

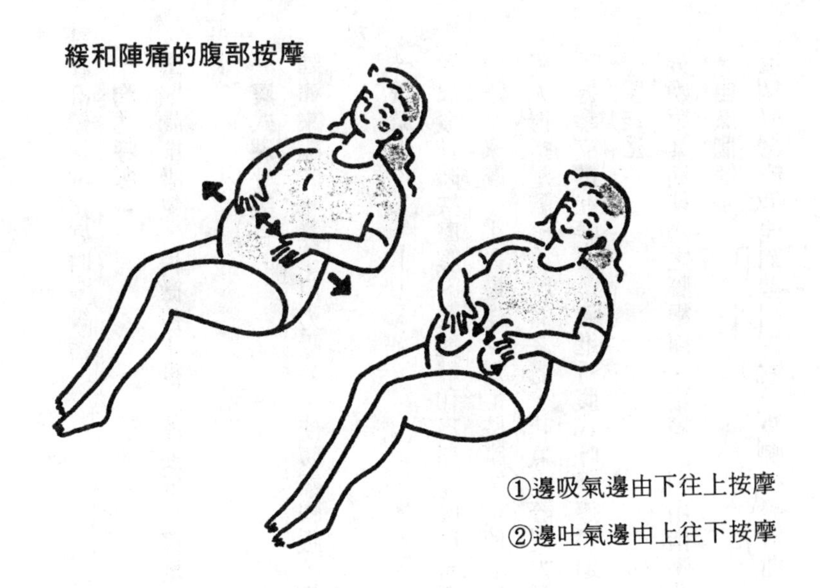

①邊吸氣邊由下往上按摩

②邊吐氣邊由上往下按摩

緩和腰痛的壓迫法

①手握拳放在腰下，邊吐氣邊將身體重量移至手上

②用大拇指按住疼痛部位，邊吐氣邊往下壓

，請在身體情況良好時多練習。

〔胸式呼吸〕

敞開胸部吸氣，稍微停止後，像洩氣一樣地吐氣。當陣痛波來臨時，鼻子用力吸氣、嘴巴吐氣。

〔腹式深呼吸〕

陣痛來臨時，鼻子用力吸氣，使腹部膨脹，嘴巴慢慢吐氣、深呼吸。一次呼吸維持六～十秒。

〔按摩〕

陣痛發作時按摩腹、腰能緩和疼痛。腰痛時以畫圓方式按摩。

由陪伴家屬（丈夫最佳）幫忙按摩，可使心情愉快一點。

用大拇指壓腳根或腰痛之處，吐氣之際用力壓、吸氣時則放鬆。

手握拳支撐在腰後，邊進行腹式呼吸邊壓迫。

〔壓迫法〕

分娩第Ⅱ期伴隨之腳根痛、腰痛，利用指壓非常有效。

〔自然側躺〕

這是放鬆的最佳姿勢，側躺、雙腳輕輕彎曲、上方腳伸向前。

生產時可能遇到的麻煩

即使懷孕過程順利，但生產時也可能發生問題，請先了解應對方法。

△微弱陣痛

陣痛太微弱將使產程不順利。

①原發性微弱陣痛

這是從最初即陣痛微弱的場合。原因有子宮肌肉伸展過度（多胎、羊水過多、巨大兒等）、子宮收縮不全（子宮肌瘤、子宮畸形、多產婦、高齡或低齡懷孕、肥胖等）。

②續發性微弱陣痛

產途中陣痛變得微弱。原因有胎兒骨盤不適合、胎兒位置或旋轉異常、軟產道堅硬、母體疲勞等等。

高齡初產婦有軟產道堅硬的傾向，但因人而異，不必要過度擔心，否則因精神緊張而導致微弱陣痛，反而害了自己。

・處置：藉內服或打點滴促進陣痛、利用鉗子、吸引分娩。

△過強陣痛

過強陣痛有害。這是陣痛異常強、持續時間長、間隔時間非常短的陣痛規則。原因有子宮收縮劑亂用、產道抵抗力強。

△骨盤狹窄

骨盤先天太小，或後天發育障礙、疾病造成的骨盤狹窄，將使胎兒頭部通過不易，造成難產。但生產時的問題是，胎兒頭部與骨盤大小的配合，如果配合良好，則可經由陰道自然生產。

・處置：剖腹產。

△子宮頸裂傷

生產時所謂的子宮口張開，就是指子宮頸張開之意。通常開十公分時即為「全開」，此時開始用力。在此之前用力時引起裂傷，會造成生產時大量出血。

另外，配合醫生指示用力，也可能發生裂傷，原因為軟產道堅硬、巨大兒、旋轉異常等等。

・**處置**：縫合裂傷部分。

△弛緩出血

生產之後，子宮急速收縮，出血也停止，但由於收縮不良而造成異常出血，即稱為「弛緩出血」。生產後二小時內出血量達五〇〇ml以上，即為大量出血。

原因有多胎、羊水過多、巨大兒、子宮肌伸展過度、子宮衰弱、子宮肌瘤、子宮畸形、胎盤殘留等等。麻醉劑也可能造成子宮的弛緩。

・**處置**：投與子宮收縮劑、點滴、輸血。固型冷卻劑使子宮冷卻。子宮底部按摩。除去胎盤殘留。

催生劑

催生劑是促進子宮收縮的增強陣痛劑。用於微弱陣痛，產程進展過於緩慢、超過預產期仍無陣痛，或計畫生產的場合。催產素這種藥可增加陣痛次數，前列腺素則在誘發陣痛的同時，還有使子宮口柔軟的功效。醫師可因產婦子宮狀態投藥。

剖腹產

信任醫生判斷

如無法自然生產，就必須利用手術剖腹取出胎兒。剖腹產率約五～十％，有持續增加趨勢。

△剖腹產增加

最大理由是手術安全性高。手術及麻醉技術都很進步。而且隨著分娩監視裝置的進步，胎兒心跳、胎動、陣痛情況均可仔細分析，可事前避免危險。

△高齡產婦多剖腹產？

也許有人認為高齡產婦比較需要剖腹產，其實錯了。並非高齡這項理由而必須施行剖腹產，也不是母親可以決定的事。

即使高齡初產婦，也有不少自然順利生產的例子，是應以自然生產為主。

△剖腹產的場合

〔母體的理由〕：骨盤狹窄、骨盤變形、子宮肌瘤、子宮畸形、骨盤內腫瘤、軟產道強韌、妊娠中毒、嚴重高血壓、心臟病、糖尿病、腎臟病等等。

〔胎兒的理由〕：胎位不正、巨大兒、臍帶脫出、胎兒休克等等。

另外，前置胎盤、胎盤早期剝離、微弱陣痛、遲延分娩、胎兒頭與骨盤不適等也是剖腹產的原因。

也許一開始就決定剖腹產，也有開始生產後才決定剖腹產的情形。

請相信醫生的判斷。

△剖腹產的過程

取出胎兒後再取出胎盤，接著縫合子宮壁與腹壁。從痲醉至縫合完成，約一小時。

剖腹產不必受陣痛之苦，但等痲醉退了之後，傷口也相當疼痛，三天後才能步行，順利的話，十天至二週可以出院。還是以自然生產最好。

△什麼時候可以生下一胎？

有人認為第一胎剖腹產，下一胎也得剖腹產，其實不可一概而論，因人而異，下一胎也可能自然生產。

至於下一胎必須間隔多久，最好和醫師商量。

因產婦年齡、體力而異，至多可以進行三次剖腹產。

剖腹產法

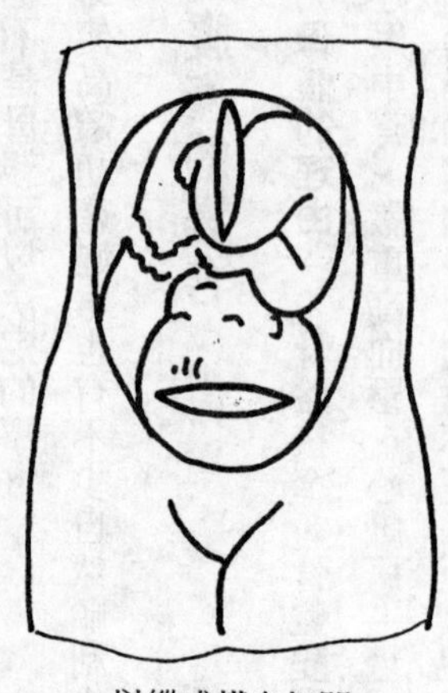

以縱或橫向切開

協助分娩的產科器具

鉗子分娩與吸引分娩

胎兒已經稍微產出時，利用吸盤、鉗子協助胎兒產出，即為吸引分娩、鉗子分娩。

△人工協助分娩法

生產時間過長會造成母親與胎兒疲勞，假使胎兒因氧氣不足而呈休克狀態，也必須盡快將其產出，此時就要借助人工方法。

分娩第Ⅱ期的條件是子宮口全開，為了因應母子疲勞、胎兒頭部受壓迫，必須借助人工分娩。

請相信醫師判斷。

・沒有不良影響嗎？

鉗子分娩

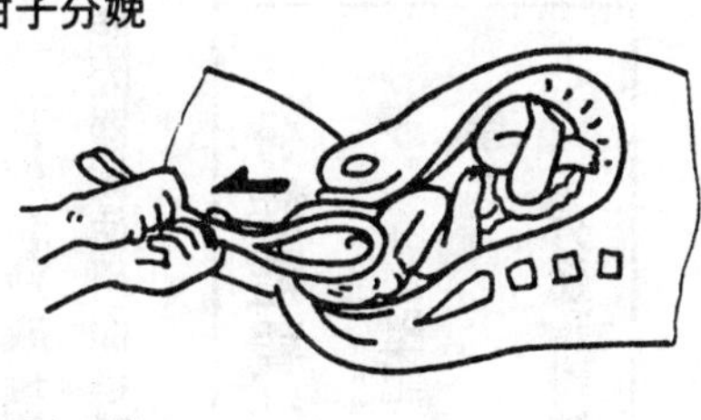

吸引分娩

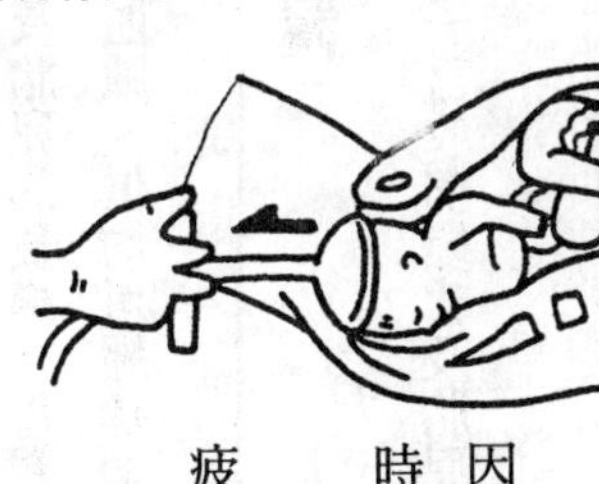

當然會造成母親及胎兒的負擔。母親方面可能造成陰道壁、會陰部的裂傷。胎兒方面可能因器械使用而造成血腫，但均可經適切處置與時間經過而治癒，不必擔心。

分娩監視裝置

從腹壁記錄子宮收縮變化及胎兒心跳數的裝置。可藉此掌握胎兒狀態，平安生產。

分娩監視裝置在進待產室或產房時裝設。

獨自迎接胎兒時——來不及上醫院

〔自宅分娩應對法〕

在小家庭居多的今天，產婦很可能獨自在家中，愈接近預產期，心裡愈不安。

實際上，從產兆出現至生產，還有一段時間（陣痛至生產約需十小時），千萬不要慌張。但極罕見的現象是，幾乎沒有陣痛就臨產的情形，或者產婦忙於照顧其他小孩或家事之際臨盆，來不及上醫院。

只要了解整個生產過程，就可以防範於未然，在突發狀況下，也知道應對方法。

①聯絡生產醫院，②打「一一九」叫救護車，③請鄰居幫忙。

△在自宅臨盆時

①母親採取舒服的盤腿姿勢、②胎兒產出後，讓臍帶鬆弛、嬰兒躺在雙腿間，立即用紗布將嬰兒臉龐擦拭乾淨後用大毛巾包裹起來、③準備二條線將臍帶二處綁住，再從中間切斷、④用大毛巾包裹嬰兒，防止體溫下降，靜待醫生處置。

新鮮媽媽的第一週

住院生活

平安生產後，就開始愉快的住院生活，住院行程表比想像中還忙碌，最重要的是充分休息及育兒課程。

〔生產當天〕——好好休息

休息第一，睡眠是恢復疲勞的良藥，如果睡不著，可和護士聊聊。

六～八小時後，自己就可以下床上廁所了，也可以請護士幫忙。

當日會面只限於丈夫、雙親等親人。

〔第2天〕——可以稍微活動

惡露黏性強、量也多，排便、排尿後一定要清理乾淨。

初乳開始分泌，充分按摩乳房及乳頭。
每三小時餵一次母乳，可坐在床上，一邊和嬰兒說話一邊餵奶。
產後新陳代謝旺盛，皮膚也容易汚穢，請用淋浴方式清潔。
五～六日之後再洗頭髮。

〔第3～4天〕——習慣嬰兒了

接受換尿片、授乳、育兒、沐浴之指導。
不論什麼小細節，有疑問請立即發問解決。
授乳前後量量嬰兒體重，以檢視哺乳量。即使乳汁分泌不多，也請讓嬰兒吸吮。
惡露呈褐色，量也減少，但清潔仍很重要。
無法排便的人可借助軟便劑。

〔第5～6天〕——準備出院

母子均接受出院前診察，母親檢查血壓、體重、尿液，會陰部縫合的人傷口還會痛。
出院後的日常生活、授乳、育兒等注意事項必須詢問清楚。
臍帶處理法不要忘記學習，有些嬰兒的臍帶尙未完全脫落。

記得向醫院拿出生證明。

〔第7天〕——出院

愉快地出院回家。

惡露由褐色轉爲黃色。

注意出院時間，避開交通顛峰時刻。

對於嬰兒而言，這是初次接觸外面世界。

注意保溫，冷氣設定要適宜。

從此展開新生活。

・遵守規則

同時期在同一家醫院生產的產婦，可能因此結成好友，在住院期間互通訊息。

但住院應遵守規則，每個人的睡眠時間不同，注意不要妨礙他人休息，有些人會陰縫合處疼痛，有些人開刀傷口痛，應互相體諒。

避免訪客大聲喧嘩及無節制地飲食。

生產時的Q＆A

Q：三十歲體力的確比二十歲差很多，真擔心三十歲生產時體力不足。

A：三十歲體力比二十歲衰弱是理所當然的，但三十歲的知識、人生閱歷、成熟度卻比二十歲高多了，所以不用為了體力不足而擔心。

生產不需要特別體力，只要精神面能沈著應付最重要。

Q：獨自在家時破水，可以叫救護車嗎？

A：生產不是疾病，即使破水，也非分秒必爭的危急狀態，並不需叫救護車。但如果感到雙腿之間有東西掉出來的時候，就應該叫救護車了。

Q：偶爾會感覺腹脹，但沒有規則性，什麼時候上醫院恰當？

A：出血、陣痛、破水等產兆並沒有一定順序。

像妳這樣時強時弱的不規則陣痛，稱為前驅陣痛。不規則會逐漸成為規則性，一小時收縮五～六次即為產兆之陣痛，可以準備住院。

Q：超過預產期還沒有生產跡象怎麼辦？

A：預產期是一個預定日期，前後二週生產都算正常，請安心等待。但超過二週以上，胎盤的功能會減弱，此時需檢查胎盤機能、羊水、胎心音等。醫師會依子宮口狀態判斷適切分娩時期，即使超過預產期也不必擔心。

此外，也有利用催生劑引起陣痛的人工方法。

Q：生產時是否會因過度疼痛而歇斯底里？

A：對於疼痛的耐受性因人而異，妳應該忍耐得起，而且三十歲以上比較穩重，最好掌握生產經過，自己臨機應變。

呼吸法及輔助動作一定對減輕疼痛有助益。其他的就只能「聽天由命」了。

Q：是否因高齡生產而必須利用鉗子分娩，或出現微弱陣痛情形？

A：微弱陣痛的情形很多，不限於高齡初產婦。胎兒通過的軟產道（子宮頸、陰道、會陰部）堅硬的確會使產程拖長。即使如此，但高齡產婦多半還是正常生產，不必擔心。

無論如何，醫生會慎重觀察經過，進行適切的處置，請信任醫師。

Q：該如何答謝醫師及護士？

A：不必特別送禮，只要母子平安就是醫護人員最大的喜悅。

第六章

重要的產褥期

重要的產褥期

育兒的起點

懷孕、生產造成的母體變化，恢復原來狀態期間就稱為「產褥期」。雖然恢復情形因人而異，但大致為六～八週，這是最重要的時期。

這段期間太過勞累，將影響往後的身體健康及下一胎生產。

即使過了三十歲，恢復情形也不見得就比二十歲慢（妊娠中毒的場合另當別論）。產褥期也可說是育兒的開始。

育兒需要體力，在照顧嬰兒的同時，也不要忘了好好照顧自己的身體。

子宮復原

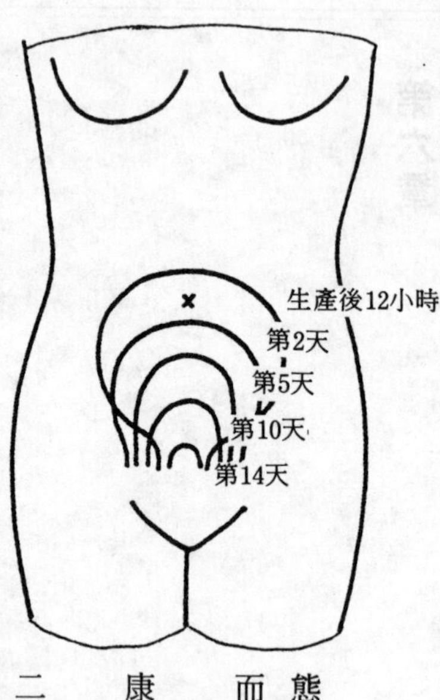

△子宮恢復

產後必須使擴大的子宮恢復原來大小。生產後子宮會縮小至肚臍下四～五公分，但十二小時後會再擴大至肚臍之上。

接著逐漸縮小，約二週即恢復懷孕前之大小，同時，子宮內產生的傷害也逐漸復原，三～四週即形成新粘膜。

子宮收縮恢復會帶來疼痛感，這就是所謂的「後陣痛（後腹）」。特徵就像生理期時腹痛一樣，但也有人覺得比產前陣痛還痛，不管怎麼說，授乳可以使母體恢復，不要忽略了，請忍耐。後陣痛在初產婦比較輕微，經產婦較疼痛。

•分娩後 2～3日	血液多的粘液。量比生理期多
•4～7日	量減少、粘性也降低、茶褐色。
•8～10日	漸漸轉白，量也減少。
•4～6週間	白色或茶色，然後結束。

△惡露的變化與處理

生產後三～四週，會有混雜血液的分泌物，稱為「惡露」，這與子宮恢復情形有關，請注意其變化。護士

惡露處理法

不可用相同面擦拭第２次

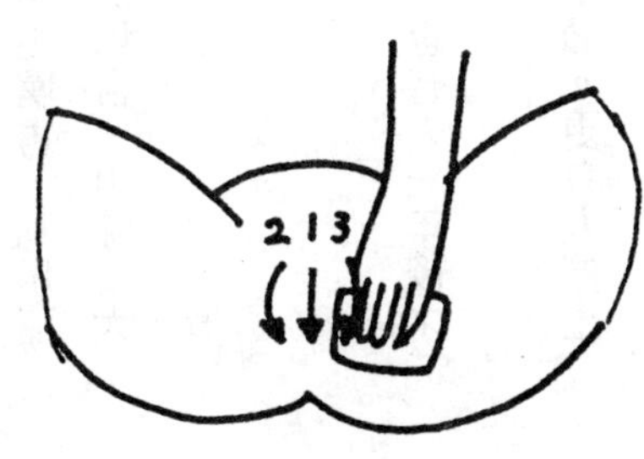

會教妳用消毒綿從前往後擦拭，同一面不要擦第二次，然後換上新產褥墊。惡露處理不當容易引起子宮內、陰道、會陰感染。如出現血塊，或產後二～三日惡露仍多時，請告知醫生。

△陰道、會陰的狀態

生產時擴張至極限，生產後還是呈鬆弛狀態，接著慢慢恢復原狀。生產時陰道、會陰裂傷、腫脹，在二～三週內會復原，排尿時稍感疼痛沒關係。

會陰切開時，第四～五天拆線，拆線之前傷口會有刺痛感，坐下時疼痛更厲害，利用甜甜圈形坐墊應該會舒服些（醫院有備），拆線後就好多了。也有不用拆線的場合，出院後大概還要痛上一週，就在妳專心照料嬰兒之際逐漸復原。

△產後月經

快的話產後二個月就開始，一般而言，餵牛奶者較早、餵母奶者較遲，也有人一年後才來經，約六〇%在產後三個月、八〇%在產後六個月來月經。

不少人產後生理不順的毛病就痊癒了，也有人本來很順利，產後反而不順。更有人停止餵母奶後，月經仍遲遲不來的情形。月經是女性身體的大事，請注意。

產後身體

注意體重變化、減重速度

生產會使母親體重減少約六公斤，包括新生兒三〇〇〇公克、胎盤五〇〇公克、羊水及其他。懷孕期間增加八～十公斤為理想。

應該努力至少在產後六個月恢復孕前體重。

但因為母親授乳、照顧嬰兒需要體力，所以絕對不要以不吃為手段。

正常飲食加上產後運動，一定會得到效果。

△腹部鬆弛與妊娠紋

因懷孕而伸展的腹壁，沒辦法在產後立即恢復原狀，應勤做產後運動，鍛鍊腹肌。至於紅腫的妊娠紋，會慢慢褪色，最後成為銀白色線，會愈來愈不明顯，但卻不能完全消失。

因懷孕荷爾蒙變化帶來的黑斑、雀斑，會在產後自然消失，不必擔心。

授乳

讓嬰兒喝初乳

生產後最先分泌出的濃稠乳汁稱為「初乳」。

初乳富含蛋白質、鈣質，容易消化吸收，而且含有多量抵抗疾病的免疫抗體、抗毒素。有些母親無法餵母乳，但至少希望在產後二週讓嬰兒喝母乳，而且一定要餵食初乳。

△母乳的優點

母乳含有豐富嬰兒所需要營養素，是最理想的營養來源。喝母乳的孩子比喝牛乳的孩子抵抗疾病力強，即使生病也較輕微。

而且不必擔心沒開水泡牛乳之類的問題，隨時隨地都可讓孩子喝到最新鮮營養的乳汁，非常方便。

對母體而言，由於嬰兒吸吮乳房可促進子宮收縮，能使產後恢復加快。

在授乳之時，與嬰兒最接近，肌膚接觸能促進母子感情（新生兒眼睛能見度約三公分，正子是授乳期與母親的距離），讓嬰兒感受到母親的愛。

△促進母乳分泌的秘訣是什麽？

有些人從住院開始就分泌乳汁，但即使乳汁遲遲未分泌，也不要沮喪，母乳的分泌不受年齡影響，最重要的是耐心地讓嬰兒吸吮。也有不少人在產後一個月才大量分泌乳汁。

乳房按摩很重要，護士會教妳如何按摩，請切確實行。睡眠不足是授母乳者的禁忌，因為促進母乳分泌的荷爾蒙催乳激素會在睡醒時分泌。

出院後最好調整作息與嬰兒一致，短時間的熟睡很重要。產褥期間應在上午和下午小睡片刻，產後的身體即使短時間也容易熟睡，如此才能讓嬰兒充分吸吮母乳。

△促進母乳分泌的飲食

生產後從低熱量食物開始，慢慢地增加動物性蛋白質，產後二～三週恢復正常飲食——只要遵守這個原則，母乳即會分泌良好。此外，親友也許會送來許多食品，而且勸妳多吃點，奶水才會多；但妳必須注意，妳所吃下的任何食品，都會成為母乳的成分，不得不有所選擇。酒精一定要控制，服藥也要和醫師商量。

產後問題

全身比想像還疲勞

生產後，母親的身體會慢慢恢復，但妳會覺得比想像中還疲勞。

△產褥熱

產後高燒稱為「產褥熱」。產後十天內二次高燒至三十八℃以上（也有三十八℃以下的情形），除了發燒之外，惡露也出現惡臭，有下腹疼痛症狀。

原因多半是尿路系統感染，另外還有產褥子宮內感染、受傷部位感染、乳腺炎等原因。

為了預防產褥熱，惡露一定要處理乾淨，清潔是最重要的大事，營養及休息也可以增進體力。

△脫肛與痔瘡

懷孕期間很容易便秘，很多人因此為痔瘡所苦，再加上生產時用力，會使痔瘡更腫大。產後循環狀態良好的話，幾乎可以自然治癒。

產後二～三天不但不太有食慾，還會因為會陰部傷口而恐懼，因便秘而用力，結果使得會陰傷口再裂開，甚至引起脫肛。產後應該避免用力，如果排便不順，可借助軟便劑。

	痔瘡對策
①	解除便秘（這是重點）
②	多沐浴
③	清潔肛門四周（排便後清洗乾淨）
④	禦寒（尤其腰腹部）
⑤	不要長久站或坐
⑥	難耐時就醫！

△鬱滯性乳腺炎

多發生於產後三～四天，由於開始授乳，乳腺分泌突然旺盛，發生靜脈血、淋巴液鬱滯，乳管閉塞、乳汁鬱滯的狀態，造成乳房腫、痛或發燒。

因應對策是再怎麼痛也要努力授乳，讓鬱滯的乳汁流出，恢復分泌暢通，熱敷也具效果。

△乳腺炎

細菌從乳頭進入引起發炎。「乳頭」發紅、乳房腫脹，造成授乳困難。嚴重時可能全身顫抖，高燒至四十℃，使腋下淋巴節腫。此時無法授乳，必須服用抗生素，如果長膿疱就必須切開。

預防之道首在清潔，授乳後一定要將剩餘的乳汁擠出來，不要殘留。

△膀胱炎

這是女性在懷孕初期、接近產期、產褥期等各項變化發生時，最容易罹患的疾病。因為尿道短，細菌多的陰道、直腸接近膀胱，所以容易感染大腸菌。症狀有排尿時疼痛、頻尿、殘尿感（尿不出來的感覺）等，有發燒、尿濁現象。感染過膀胱炎之後，就很容易再感染第二次，完全根治需要一段時間。預防之道為不憋尿、保持外陰部清潔。

出院後的生活

不可在出院之後就立刻四處跑來跑去，現在正是身體休養時期。

△產後第二週

產後第二週可說是最感疲勞的時候。累的時候立刻躺下休息。

・授乳、換尿片由母親負責，其他沐浴、洗衣等家事就交給父親或家人吧！採取淋浴方式清潔身體，盆浴還不合適，沒有淋浴設備就採取擦澡方式。

・細心清潔惡露及保持會陰部乾爽。

・持續產後運動以便早日恢復。

△第三週

・疲倦時就躺下來休息，白天也應該和嬰兒一起睡眠，因為夜晚必須起床授乳，所以白天睡眠很重要。可以開始做輕鬆家事，讓身體慢慢習慣，幫嬰兒洗澡、洗尿布都ＯＫ。

・避免長時間站立，當然也不可以外出購物。

・避免疲勞，看電視、報紙也要適可而止。

△第四週

身體逐漸恢復，在許可範圍內可以漸漸恢復產前生活習慣。

・夜晚仍得授乳，所以一定得午睡，否則容易睡眠不足。

・可從事日常家事、育兒工作。

・可以到附近購物，但不可提重物。

・腹部逐漸緊縮，性器官也恢復。

・容易罹患乳腺炎的時期，請隨時注意有無症狀出現，以便早期治療。

△第五週

・嬰兒與母親接受檢查，如果一切正常，即可恢復日常生活習慣，入浴、外出均可。

・可以開始駕駛車輛，天氣好時也可以散散步。

△第六週以後

因人而異，恢復懷孕前母體約需六～八週。體重下降至懷孕前的重量嗎？

- 回家鄉生產者，現在可以回家了。
- 職業婦女在生產六週後即可復職。
- 可能發生母奶不足，請補充牛奶。
- 還不可以旅行，海邊、游泳池等處激烈運動也應避免。
- 控制酒精攝取量。
- 加強產後運動。

繼續餵母奶！

雖然有人在懷孕期間堅持餵母乳，但到了產後一個月便意興闌珊了。

因為「母奶分泌不足」、「嬰兒體重增加狀況不好」、「泡牛奶比較簡單」等理由，輕易就將母奶停掉。這實在很可惜，希望妳能持續。

產後心情

平安生產之後，應該感到幸福絕頂才對，怎麼卻悶悶不樂、無緣無故地焦慮、失眠、敏感、食慾不振、懷疑自己能不能好好照顧嬰兒……。

這一般稱為產後憂鬱症，是大多數生產過女性的經驗，容易發生在產後三～十天，通常是暫時性的自閉狀態，不是精神病，不必擔心。

△荷爾蒙變化是原因嗎？

產後身體會發生激烈變化，由於生產終了，之前分泌的胎盤荷爾蒙也呈零狀態，由於自律神經的作用，使精神狀況改變。

初產、難產或產後傷口疼痛厲害的人，容易陷於抑鬱狀態。

另外，產後憂鬱也受性格所左右。完美主義、嚴肅缺乏融通的人、拘泥小節的人、自我本位主義者，都屬於容易得憂鬱病的人。

對策有許多種，最重要的是丈夫的愛情、周圍的體貼，和家人、好友等親近人聊聊天，可以緩和不安情緒。

必須理解這是角色轉換的一種過渡現象，不要想得太嚴重，大多數人都有這種經驗。

☆有時請丈夫早點回家，有丈夫陪伴，心靈比較有依靠，而且可以幫忙照料小孩。

☆想哭就哭出來，讓眼淚流一流反而舒暢。

☆整天只和嬰兒相處，情緒容易陷於低潮，找人聊聊天可以舒解壓力。

☆聽聽音樂、看看電視，儘量做自己想做的事。

但產後眼睛容易疲勞，所以避免看小字印刷品。

△偶爾偷偷懶

產後當然不能像產前一樣，能有充足的時間做家事、照料丈夫。

最明顯的大概就是飲食，產前夫妻倆逍遙地煮飯用餐，多了一個小寶貝之後，恐怕就沒那麼悠閒了，現在市面販售不少現成品、冷凍食品，都可以幫妳節省不少烹飪時間，嬰兒的紙尿褲、奶粉等，也可請商店代送。

當妳對育兒工作愈來愈有自信時，自然就會忘記憂鬱了，但如果始終感到焦躁，睡不著情況持續時，最好還是找醫生談談。

與其一個人煩惱，還不如趁早解決。

產後飲食生活

注意不要飲食過量

不要因為餵母乳就無限制地吃喝，尤其產後一個月活動量少，多半躺在床上，所消耗的熱量低，很容易造成肥胖。嬰兒每日飲乳量還很少，所以一日攝取一四〇〇～一五〇〇大卡為適當。過了此時期，完全以母奶為營養源者，以二四五〇大卡為適當，混合營養者根據母乳分泌狀況調整，不授母乳者為二〇〇〇大卡。攝取過量只會使皮下脂肪增加。

△一日三餐

產後由於照顧嬰兒，容易使生活秩序失調，二十四小時之內，一下餵奶一下換尿片，往往造成睡眠不足、食慾減退。

但基本上仍希望妳維持一日三餐。

△維他命

維他命是使身體機能順利活動不可或缺的營養，請了解各種維他命的功效，配合自己身體狀況服用。例如，眼睛容易疲勞者服用維他命A、脂肪過多者服用維他命B、改善肌膚者服用維他命E。

△鈣　質

懷孕期間至產後，母親體內的鈣質被胎兒吸收，產後授乳也會使鈣質流失，因此有必要補充。維他命D可促進鈣質吸收，可一併服用。

△水　分

授乳很容易感覺口渴，但不可以喝冰水，因為身體寒冷容易下痢，也會使代謝能力低下，延緩身體復原。

青菜湯、肉湯、味噌湯等不但具有營養且水分足，是最佳菜單，小麥茶也不錯。

最低需要營養量	
	能量（kcal）
20歲非懷孕時	1800
30歲非懷孕時	1750
20歲授乳期	＋750 2500
30歲授乳期	＋700 2450

維他命種類與功效

種類	含量多的食品	功　效	遇水	耐熱
A	蛋黃、奶油、肝臟、鰻魚、蘿蔔、南瓜、菠菜	對眼睛、皮膚健康有益	不溶	強
B_1	穀類胚芽、花生、豆類（大豆）、肝臟、芝麻	幫助醣類代謝、促進食慾、增進消化吸收	溶	強
B_2	牛奶、起司、蛋、有色蔬菜、肝臟	促進發育、增進醣、脂肪、蛋白質代謝	溶	強
煙酸	火腿、肝臟、乳製品	促進醣類代謝	溶	強
C	新鮮蔬菜、水果、甘藷、綠茶	增強血管功能、幫助鐵質吸收	溶	弱
D	肝臟、沙丁魚、鮪魚、人造奶油	促進骨骼、牙齒成長、幫助鈣質吸收	不溶	弱
E	柴魚、鱈魚、牛肉、雞肉、大豆	促進血液循環，防止皮膚老化	不溶	強

△注意添加物

母親所攝取的食物會透過母奶傳給嬰兒。

請避免食用有農藥及添加物的食品，調理時多花些時間清洗，儘量選擇天然食品。

部運動

子宮恢復俯臥運動

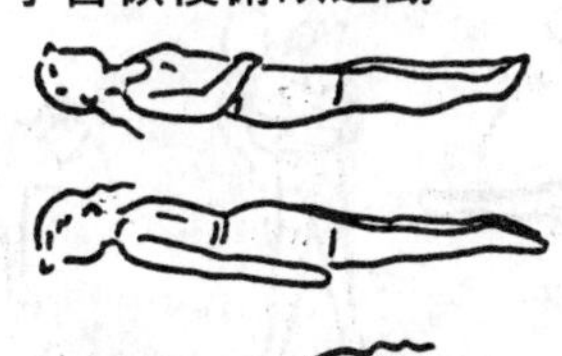

腳脖子運動

產後體操

母體在胎兒產出後，仍然殘留懷孕、生產時的疲憊，在恢復體力的同時，也要進行產後運動，以促進子宮收縮、增加食慾、增進新陳代謝，並且對於母奶分泌具有暢通效果。

而且產褥期不能外出，整天待在家中容易煩躁，此時動動身體可使精神放鬆。

△從輕微運動開始

生產後立即進行深呼吸程度的運動無妨，在身體尚未調整過來時勉強運動，反而招致反效果。

「產後幾天開始做運動？」這完全要視各

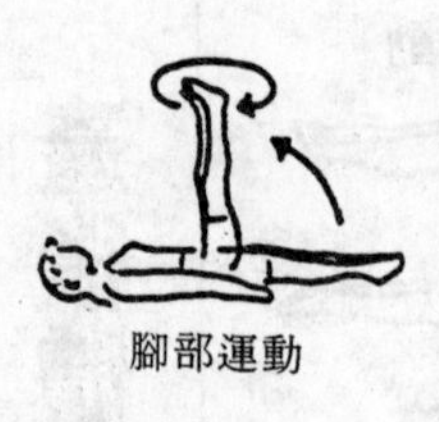
腳部運動

腰部運動

骨盤運動

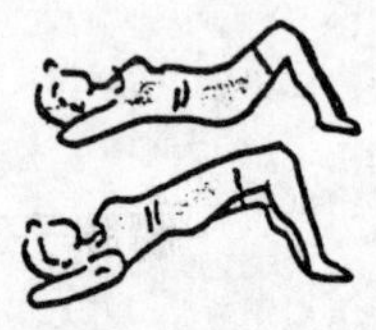
收縮腹肌運動

腹肌運動

人情況而定，可以在不疲勞的條件下慢慢增加，每日持續，時間短也沒關係，但請以腹帶保護腹部。

△恢復優美體型

懷孕、生產大事結束後，最令女性煩惱的大概就是「身體走樣了」。

大部分女性都注意到肚皮鬆弛、脂肪殘留的問題。

誰不希望擁有優美的身材，只要持續產後運動，即可逐漸往產前身材進步。

產後一週開始穿束腹也有不錯效果，再加上飲食與運動配合即可。

產褥期的美容

嬰兒也喜歡漂亮的媽咪

好不容易出院了，可是不但身體尚未復原，還得照顧嬰兒……，母親們多半忘了打扮自己。

△身心健康的漂亮媽咪

女性漂亮，自然心情也跟著開朗，每天花些時間打扮自己，嬰兒一定也很高興。

△體型變了

腹部因為懷孕、生產而堆積脂肪。

腹肌運動

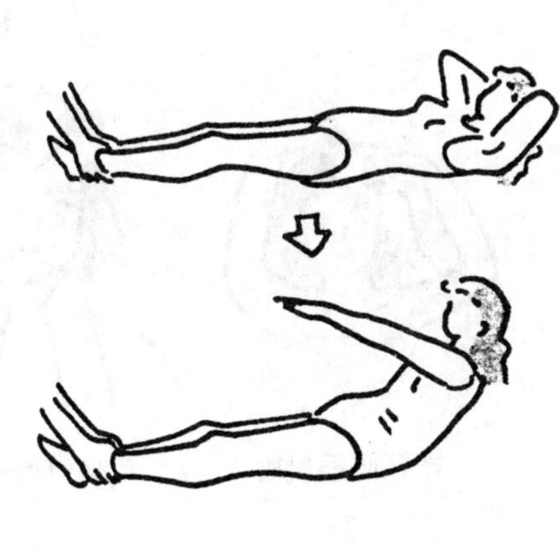

化粧以自然色為主

好好照顧肌膚

用髮梳將汚物梳落

依復原情形儘早開始產後運動，束腹也可使身材早日恢復。

△美容重點

一懷孕，臉上就多了些黑斑、雀斑，這些是體內所分泌的色素，在產後一～二個月會自然消失，但新陳代謝較遲鈍的三十歲以上婦女，可能就得多花些時間了，也有人就這麼一直留在臉上，因此請特別注意保養。

產後體力消耗、影響血流，所以臉色不太好，撲粉應以自然透明為佳。

沐浴、洗頭髮時間應經醫師許可。在此之前請用擦澡、擦頭皮方式清潔。只要多花些工夫，一定能使妳神清氣爽。

休閒、運動、性生活

忙於產後復原及照顧嬰兒

生產大事之後，便是育兒這項新工作。

△六週後開始可以外出

當然，並不是六週後就完全和產前一樣。

首先是生產體力恢復問題，接著是照顧嬰兒、丈夫、家事等等，可能讓妳忙得團團轉。

六週後，妳可以逐漸走出戶外。

△母體等待恢復

產後四週接受產後檢查，此時正好滿一個月，新生兒也進入乳兒期。

如果產後檢查無異常，即可開始性生活，但應確定妻子的恢復狀況，以不痛苦的程度開

此時期適合體位

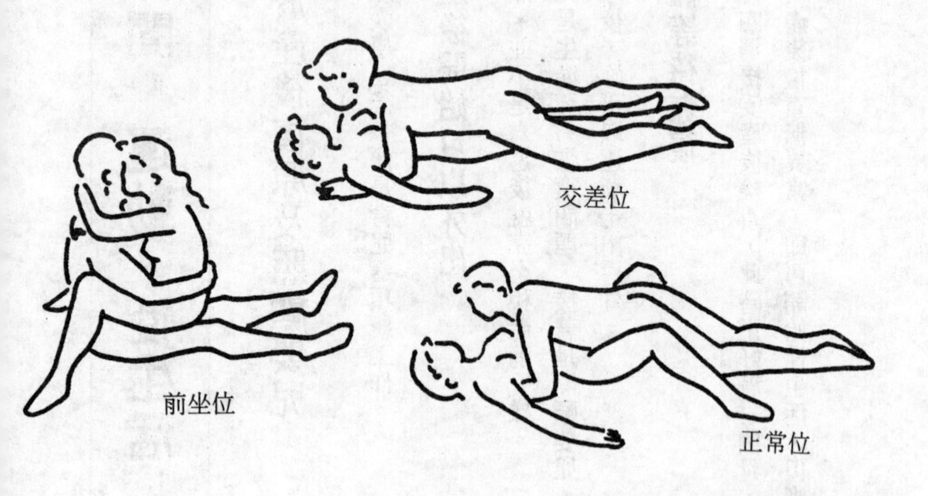

始。生產造成的陰道、外陰部小傷，幾乎可在產後六～八週治癒，不用擔心。

然而此時即有可能排卵，所以要做好避孕工作，產後一段時間不用避孕的俗說因人而異，因為每個人的排卵期不同，還是避孕較妥當。

無論如何，產後丈夫的體貼是妻子最期待的。

產後避孕

避免產後懷孕，必須有正確的避孕知識。但很遺憾，至今仍無一○○%安全的避孕法。方法很多，各有優缺點。夫妻倆共同選擇最適合的避孕法。絕對不可大意。

名稱	避孕藥	保險套
實物		
作用	加入女性荷爾蒙藥物抑止排卵。	套在男性性器上，使精子不會流入女性陰道內。
販售地點	請婦產科醫師開處方。	藥房、超市、自動販賣機。
安全度	100%有效	必須在性交全程使用才不會失敗。
長處	不必男性配合、效果良好。	購買簡單、價格便宜。
短處	每天不可忘記服用，有些人體質、年齡、疾病不適合服用。	必須和男性達成協議才行，有人感覺不舒服。
副作用	有暫時性打嗝、異常出血、乳房腫脹、肥胖等現象。	幾乎沒有。

殺精劑	基礎體溫法	子宮帽	IUD
Jenny			
將殺精子藥片放入子宮口附近，也有軟性藥膏。	測量基礎體溫推定排卵日，在危險日以其他避孕法避孕。	將子宮帽戴在子宮口，以防止精子進入。雙面塗避孕藥膏以達雙重防範效果。	將子宮帽裝在子宮內，以妨止受精卵著床。
藥房		接受婦產科醫護人員指導。	請婦產科醫生安裝。
往往因使用不正確而失敗。	忘記量體溫，或測量方式不正確會導致失敗。	使用不正確將導致避孕失敗。	懷孕率為100分之1至100分之2。
購買簡單。	除了避孕外，對健康管理也有助益。	使用時沒有不舒服的感覺。	長期間而言價格便宜，隨時可取出受孕。
使用方法麻煩。	必須在每日起床前測量，否則喪失正確性。	必須接受指導才會使用，而且得測量陰道大小。	必須定期檢查，沒有生產、懷孕經驗則很難使用。
可能導致性器鬆弛或分泌物增加。	沒有。	幾乎沒有。	有人發生出血、腹痛現象，也有人月經異常。

產後Q＆A

Q：流產後多久可以再懷孕？

A：出血尚未完全停止前，有感染之慮，性生活本身就該控制，最好等月經周期恢復後，大約三個月即可。

但可能有些後遺症，或母體感染導致流產，都需花些時間治癒，請和主治醫師商量。

Q：產後也會發生妊娠中毒嗎？

A：妊娠中毒通常在產後一～二週內治癒，但其中因生產、育兒過度疲勞，或腎機能衰竭，會造成尿蛋白、高血壓、水腫等症狀。

請充分休息、控制鹽分攝取，並服用降血壓劑、去尿蛋白藥物。如果放任不管，下次懷孕時症狀會更惡化，恐怕形成慢性腎臟炎、動脈硬化等，所以產後一定要治療完全。

Q：產後月經還沒來潮也可能懷孕嗎？

A：排卵是在月經之前，亦即排出的卵子沒受孕即成月經，因此，往往看到在產後初次排卵即受孕的例子。產後性生活均有受孕可能。

有些人因高齡而想儘快再生，但這對母體是一大負擔，至少也要一年時間，才能使母體完全恢復產前健康狀態，最好還是採取避孕措施。

Q：產後可以自行上廁所嗎？

A：沒生產過的人很難體會產後身體狀況，即使同樣是產後，有些人可以自行活動，有些人卻連起床的力氣也沒有。

現在醫院多鼓勵產婦儘早下床，只要自己做得來就可以自己做，無法勝任時再麻煩他人幫忙。

Q：產後頭痛、肩膀僵硬毛病始終存在，怎麼辦？

A：這是疲勞過度所造成的，生產消耗體力，再加上育兒的勞累，使得身體產生變化。此時期自律神經也很容易失調。

休息是第一要件，除了育兒及最低限度家事外，盡量躺著休息，以便身體早日恢復。一睡眠、二營養。

但疼痛嚴重時也不可忍耐，應赴醫院就診。

Q：高齡產婦的子宮是否恢復較慢？

A：沒有這回事。子宮恢復程度因人而異，但過了四十歲，多少就慢一點了。值得注意的是容易產生併發症的問題，很可能在產後留下後遺症。嬰兒吸吮母奶能促進子宮收縮、增快恢復健康。授母奶不論對母親或嬰兒而言，都是最佳選擇。

乳房的按摩——為了嬰兒而按摩

母奶並非一開始就分泌順暢，很可能由於乳腺或乳管阻塞、開口不佳，而無母奶流出。

這時進行乳房按摩很有助益。

按摩可使阻塞的乳腺、乳管暢通，促進乳汁分泌。

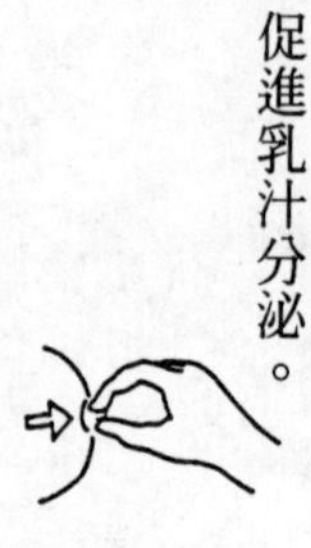

①溫毛巾
②按摩整個乳房
③往乳頭方向按摩
④按摩乳房四周
⑤抓出乳頭

第七章 新生兒

新生兒的特徵

嬰兒出生至滿四週稱為「新生兒期」，此期間嬰兒稱為「新生兒」，可說是一生中最短卻最重要的時期，安靜睡眠的新生兒，任何人看了都會感動。

△滿月之前的嬰兒為「新生兒」

嬰兒在母體內時被羊水包裹，被保護在溫水中，以臍帶與母親相連。生產後的一瞬間，開始接觸到戶外空氣，臍帶剪斷的一刹那，才成為一個個體，獨自呼吸、排泄。健康嬰兒的第一聲，正是告訴世人，有個新生命來到這個世界。

在新生兒期這個必須適應外在環境的重要時期，母親應該充分了解嬰兒的特徵，才能給予嬰兒適切的照顧及幫助。

△新生兒的身體

新生兒的身體為了適應外界環境，會出現各種新生兒期特有的變化。但新生兒也是一個個體，成長速度因人而異，以下所述只是平均值。

如果不符合數字資料，也不要憂心「這孩子有沒有問題」，應該更加努力照顧他。

〔**身高**〕：剛出生約五十cm左右，一個月後成長至五十三～五十五cm。

〔**體重**〕：剛出生男孩約三二〇〇g、女孩約三一〇〇g。未滿二五〇〇g的嬰兒為「未熟兒」。

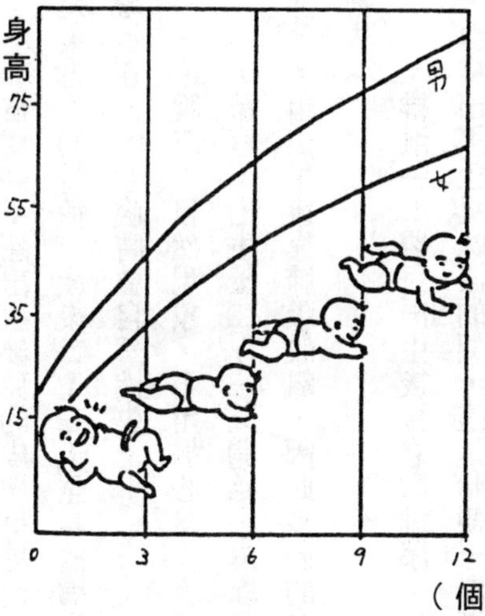

新生兒體重在出生後三～四天，會比出生時減少二〇〇～三〇〇g左右，七～十日又恢復原來體重，這是排出汗液、尿液而造成的生理體重減輕，完全不必擔心。出生一個月後大約可以增加一kg，一日約增加三十g。

〔**脈搏、呼吸**〕：脈搏一分鐘約一三〇次，呼吸為腹式呼吸，出生時約五十次、新生兒期約四十五次。脈搏、呼吸均時快時慢、不規則。

〔**睡眠**〕：嬰兒睡眠時間很長，出生至二週，除了肚子餓、喉嚨乾渴之外，也會哭泣。平均睡眠時間爲十六～十八小時。

〔皮膚〕：剛出生嬰兒的皮膚呈紅色，全身胎毛多，臀部、背部有藍色大斑點（蒙古斑）是東方人的特色。產後二～三天全身皮膚有脫皮現象，產毛在一～二個月會自然脫落，蒙古斑也在六～七歲時會自然消失。

・脫皮：自然現象，不用擔心。

・黃疸：出生後二～三天開始，皮膚顏色變黃。在母體內時，為了運送氧而需要大量紅血球，但出生後靠肺吸收氧，因此多餘的紅血球溶解引起黃疸。黃疸不是病，一週左右即可消失。

〔排泄〕：嬰兒出生後會立即排尿，但新生兒尿量很少，所以顏色稍濃。出生後一～二天會排出黑色臭味濃的便，這是胎便，漸漸授乳後即變成黃色。

〔頭〕：剛出生嬰兒頭圍約三十三㎝，比胸圍稍大，體型為四頭身。趴下時頭部會想用力抬起，但力量弱，頸子大概要到三個月左右才會結實。

・先鋒頭：嬰兒在通過產道形成的腫瘤，幾天後便會消失。

・頭血腫：由於生產時受壓迫，頭骨與骨膜間發生出血，三個月後即會被吸收。

・泉門：輕撫新生兒頭部，會觸到沒有骨覆蓋的柔軟部分，頭頂部分稱為「大泉門」，會留至一歲半左右，頭部後方部分稱為「小泉門」，不久即會消失。大泉門顯示嬰兒健康狀態，凹陷或腫脹均需注意。

〔臍帶〕：出生後一週即會脫落，脫落之後一週內應以消毒紗布覆蓋。

△新生兒的感覺及反射運動

新生兒的感覺很發達，不但皮膚敏感，還會出現各種反應。

- 視覺：出生後不久即可辨別明暗，數日後對移動物有反應。
- 聽覺：一週後有聽覺反應，對於大聲音，全身會出現驚嚇反應。
- 味覺：這是五種感覺中最早出現者，尤其對甜味最敏感。
- 嗅覺：出生時即具備，也可說憑著嗅覺認識母親。
- 觸覺：從在母體內即具備。口唇、睫毛、腳底、鼻黏膜等尤其發達。

此外，對於身體內外刺激很敏感，這與大腦作用無關，而是反射動作，會持續至三～四個月。

①吸吮反射：口碰到的東西就想吸，當乳房碰觸他時，便會轉向開始吸奶。

②把握反射：手碰物體就想握住。

③驚嚇反射：突發大聲音、身體被往下放時均會驚嚇地雙手雙腳攤開。

嬰兒的異常

嬰兒在新生兒時期，容易出現黃疸，而且容易被細菌、濾過性病毒感染，先天性疾病也有治療的必要，諸如此類均須以正確知識應對。

△低出生體重兒（未熟兒）

未滿二五〇〇g的出生嬰兒稱為「低出生體重兒」，也稱為「未熟兒」。未熟兒是指身體發育尚未成熟，體重輕、呼吸不順、不會吸吮、體溫調節困難，肝機能不足引起嚴重黃疸等問題都令人擔心。體重二〇〇〇g以下應放在保溫箱中，最近已經有一〇〇〇g以下嬰兒存活的例子。

△過熟兒

比預產期晚了三週以上出生，並不一定體重就比較重，特徵為外表佈滿皺紋、皮膚皸裂、胎脂減少等等。雖然身體機能並非不發達，但由於母親胎盤老化，會發生嬰兒機能不全症候群。

△新生兒應該注意現象

〔**新生兒休克**〕：出生後沒有哭聲、沒有呼吸，呈窒息狀態。原因可能是氧不足、腦壓受壓迫等，較微症狀可輕拍背部，使其開始呼吸，嚴重時就必須施行人工呼吸，有時會造成腦障礙。

〔**頭形與額頭**〕：生產時的先鋒頭、頭血腫、蒙古斑等不必擔心，有血管瘤時就得看醫生。

〔**黃疸**〕：出生後二～三天皮膚呈黃色，這是新生兒黃疸，不必擔心，但如果出生二十四小時以內或四～五天出現嚴重黃疸，即為病態黃疸，可考慮為血型不合等因素，可以用光線療法、輸血治療。

〔**臍帶**〕：臍帶脫落後應用消毒沙布覆蓋，此時腹部抵抗力弱，因腹壓使得腹部內向外膨脹時，可在腹肌施壓力治療。

〔**斜頸**〕：這是從耳後向鎖骨內側胸鎖乳突出的一種血瘤，會造成頭部傾斜。須就醫診察。

〔**股關節脫臼**〕：大腿骨與骨盤關節分離狀態，有些是與生俱來，愈成長則分離愈嚴重，早注意則可早治療，應注意雙腳張開情形及左右腳長度。

〔隱睪丸〕：男孩子的睪丸留在陰囊中，有時一側不見，有時兩側均不見。新生兒期經常有此現象，如果滿月後仍然如此，就必須接受泌尿科醫師診察。

〔新生兒肺炎〕：出生後立即或二～三日後呼吸困難，氣管內吸入羊水時容易引起細菌、濾過性病毒感染，請就醫治療。

〔新生兒血便〕：新生兒排便中有血，這是維他命K不足，應補充。

〔先天性代謝異常〕：身體代謝異常則發育不正常，早期可抽血檢查，早期治療成效不錯。

先鋒頭、頭血腫

先鋒頭是胎兒通過產道時，頭部受壓迫而腫起像瘤一般的東西，二～三天後會自然消失。頭血腫是頭蓋骨的骨膜下有血液凝結，大概二～三個月後會消失。兩者均不必擔心。

照顧嬰兒法

嬰兒出生之前，被保護在常溫的羊水中，新生兒時期必須習慣外界環境、調節體溫，此時抵抗力弱，應該為其準備最適當的環境。

△調整濕溫度

室溫攝氏十八～二十二度、濕度五十～七十％最佳，避免日光直射及風吹，盡量利用空調保持恆溫。有時也要讓新鮮空氣流通。

△注意感染

嬰兒抵抗力弱，應特別注意感染，訪客請洗淨雙手後再接觸嬰兒。感冒的人請遠離嬰兒，對大人而言症狀輕微的感冒，很容易使嬰兒感染重大疾病，請使用口罩。

△房內禁煙

嬰兒房內不可吸煙，因為嬰兒非常柔弱，禁不起煙味刺激。

嬰兒健診

嬰兒出生後一個月應接受健康檢查，觀察一個月來的變化。出生後一個月，心臟異常、股關節脫臼、斜頸、皮膚異常、先天異常等症狀都會出現。

嬰兒接受診察前，母親應記錄授乳量、次數、尿便情形、睡眠時間、每日生活狀況等，只要發現什麽異常立刻記錄。測量身高、體重、頭圍、胸圍。醫師會進行下列診察：

- 全身檢查、皮膚檢查：有無黃疸、濕疹、手腳活動是否正常。
- 聽嬰兒心音。
- 腹部觸診。
- 檢查頸部：有無斜頸或僵硬。
- 檢查口腔：有無鵝口瘡。
- 檢查股關節、性器官：有無脫臼、陰囊水瘤、鼠蹊疝、隱睪丸等等。
- 反射運動檢查：是否具有嬰兒特性之莫羅反射（嬰兒緊抱反射）、把握反射、吸吮反射等等。

為防嬰兒血便，應服用維他命K。

授乳法

嬰兒攝取營養法有母奶、奶粉、混合（兩方併用）等三種。

△母奶最佳

母奶是最適合嬰兒的營養食品，母親授母乳必須攝取足夠營養與水份，另外，嬰兒吸吮可刺激母奶分泌。

〔**授乳**〕：只要嬰兒餓了想吃，隨時都可以讓他吃，一旦生活作息規律後，就只有白天需要授乳，夜間不用起床授乳。吸吮完畢抱在母親肩上，輕拍使其打嗝，這稱為「排氣」，如果十～十五分鐘還沒打嗝，則不必勉強。餵牛奶也一樣。

〔**哺乳量**〕：母乳很難知道嬰兒吸取量，請以嬰兒反應為標準，只要嬰兒滿足，授乳間隔愈來愈長、體重順利增加即可。另一方面，如果嬰兒不斷啼哭求乳、體重不增加、經常便秘，就傷腦筋了，必須考慮是否母奶量不足。

〔**消毒**〕：新生兒容易受細菌感染，授乳前先消毒乳頭。

△人工營養奶粉

嬰兒奶粉是將牛奶調整至最接近母奶成分。

〔哺乳量〕：依罐上說明用奶瓶沖泡。

〔飲法〕：用水測定溫度是否適中後，抱在懷中餵奶，嬰兒躺著喝容易使牛奶進入支氣管而窒息。如果嬰兒在吸食途中睡著，請將其搖醒繼續喝，直到數次後嬰兒無意再喝為止。

〔消毒〕：調奶用具、奶瓶均應煮沸消毒。

△混合營養以母奶優先

母奶不足時以奶粉補充，此時盡量以母奶為優先，不夠時再泡奶粉餵食。如果母奶足夠就不用再沖泡奶粉。

如何對待嬰兒

新生兒的頸部還很柔軟，母親一開始也許不習慣而覺得害怕，但習慣後就好了，一開始可以將手靠在椅把上支撐嬰兒頭部。

△嬰兒睡姿

〔仰睡〕：嬰兒手腳捲曲為自然姿勢，完全仰躺會妨礙腳的自由運動，甚至造成股關節脫臼。

〔俯睡〕：俯睡可讓嬰兒頭部早點學會抬起，而且防止乳汁逆流至氣管，頭形也良好，是不錯的睡法。

但，就怕嬰兒將頭埋在棉被中引起窒息。

仰躺安全性較高。

△沐　浴

嬰兒新陳代謝快，所以保持全身清潔很重要。新生兒請用專用浴盆。

攝氏二十度以上的室溫，水溫在四十度以下，時間以五分鐘為理想，以免嬰兒太疲勞。仔細清洗頭、頸、腋下、大腿、臉等處，浴後以大毛巾拭乾水分再穿衣服。另外，也得注意耳、鼻清潔。

△日光浴、空氣浴

出生後二週可以逐漸讓嬰兒習慣戶外空氣，打開窗戶讓其呼吸新鮮空氣。

三～四週開始進行日光浴，由於日光刺激強，所以可以從腳開始，接著下半身，再來腹部也曬曬太陽。避免日光直射臉部。

嬰兒的衣服及尿片

尿布更換法

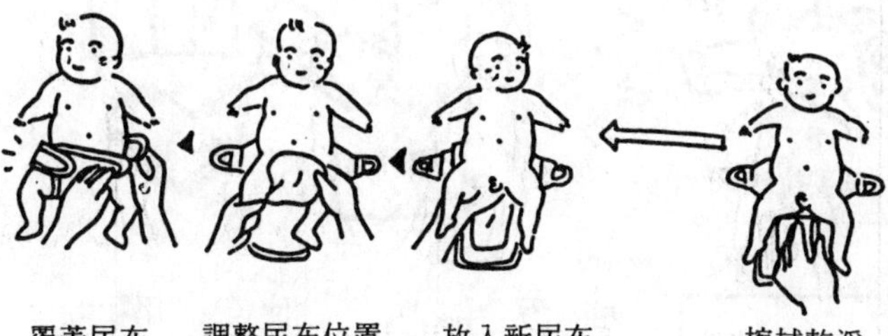

擦拭乾淨　放入新尿布　調整尿布位置　覆蓋尿布

讓嬰兒舒適

柔弱的嬰兒以天然棉質衣服最適合。

△棉質最佳

新生兒調節體溫能力仍弱，應該比大人多穿一件，但如果嬰兒出汗就該脫掉。

△尿片是嬰兒必需品

嬰兒在尿片污穢便會哭泣，更換新尿片後就會覺得舒服，這種感覺將留在他的印象中，對於未來獨自處理排泄物很有助益。

長方形尿布　正方形尿布

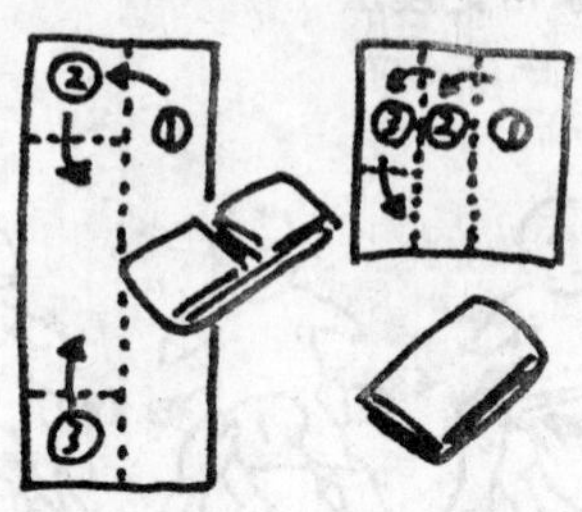

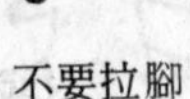

不要拉腳

〔尿片種類〕：布尿片與紙尿片各有優缺點，視場合而可併用。

•布尿片：棉質最適合，有長方形與正方形，清洗後可反覆使用，具經濟價值，但有清洗上的麻煩與外出時的不便。

•紙尿片：尺寸、種類繁多，選擇透氣性佳、不回滲者為佳。用過就丟，外出方便，但卻不經濟，而且嬰兒感覺比較不舒服。

〔更換法〕：換尿片時，動作盡量快，不要忘了用濕紙巾將污物擦拭乾淨再更換新品。另外，為了預防股關節脫臼，不要勉強包裹，應配合腿形自然伸展。

紙尿片種類

紙尿片種類繁多，可配合嬰兒體重選用，也有分為晝用與夜用。尿濕後仍感覺舒爽的紙尿片，對皮膚有助益，可防止尿布疹，但嬰兒卻很難因尿濕或排泄而以哭聲告知，有的母親考慮到教導嬰兒對排尿、排便有反應，因此不選用。

嬰兒的Q＆A

Q：喝酒、吸煙、吃藥的母親能餵母奶嗎？

A：母親體內之物進入血液內，血液會選擇必要之物由乳腺製造母奶，因此，飲酒應該不會對母奶造成什麼影響。

但經常性飲用，產生影響的可能性高，還是控制煙酒飲用較好，否則至少也應在授乳期嚴格控制。

至於藥物，輕微感冒服用數日藥物無妨，但為了安全起見，務必請醫生開藥。

Q：家中小孩罹患痲疹，會傳染給嬰兒嗎？

A：母親在懷孕、生產前出疹，體內會產生抗體，這種抗體會傳給胎兒，所以出生後三個月不會發病，但六個月之後，由於來自母親的抗體減少，所以有感染之危險，必須就醫。

Q：嬰兒吸母奶只吸一點就不吸了，怎麼辦？

A：由於母奶分泌量少，有可能嬰兒用力吸一下子就疲倦的情形，母奶分泌量多，嬰兒吸一下就吃飽的情形也有可能。

一般而言，若是母奶量少，則過一下嬰兒又哭著想喝奶，可從授乳次數、間隔、嬰兒情緒、體重等判斷是否母奶不足。

Q：一個半月的嬰兒喝奶粉，三～四天才排一次便，其他一切正常，有沒有問題？

A：餵食奶粉容易造成便秘，最好多餵些開水、果汁，有助於排便。

Q：用母乳撫育小孩，其排便多為黃色，有時出現綠色或茶色，次數也不一，有時一日五～七次，有時一日二～三次，有時混雜白色黏液，怎麼辦？

A：不論母奶或奶粉，嬰兒會依每日身體狀況而排出各種糞便，直到消化、吸收機能正常，恐怕還得等上一段時間。

至於排便樣子，母親不用太擔心，只要嬰兒吃得下、體重有增加就沒問題。判斷嬰兒狀況應看全身，如果情緒不穩、喝不下奶，也許就是出現異常。

Q：出生一個月的嬰兒，喝奶後就吐怎麼辦？

A：這稱為習慣性嘔吐，與體質有關。

隨著嬰兒成長可以治癒，不用擔心。如果只是偶爾嘔吐，可能是喝太多奶了。

但嘔吐情況嚴重時，可能是肥厚性幽門狹窄症，由於從胃通往十二指腸的幽門肌肉太厚，以致於通過困難，大約出生後三週會出現症狀。

嘔吐嚴重會造成營養不良，特徵是體重不增加，請就診。

Q：什麼時開始可以帶嬰兒一起旅行？

A：從嬰兒立場而言，旅行並沒有好處，最好盡量避免帶嬰兒旅遊。

假使非帶嬰兒一起出遊不可時，請注意避免過度疲勞，除了奶粉、開水、果汁外，還應準備應付不同氣溫的衣服。新生兒抵抗力弱，容易感染疾病。

Q：包尿片導致嬰兒屁股變紅，該怎麼辦？

A：嬰兒皮膚很敏感，希望盡量不要受到糞便、尿液刺激。換尿片時應先清潔皮膚再更換新尿片。塗藥之前也應先清潔皮膚。

嬰兒很容易得念珠菌病，這時如果塗藥，情況會更糟，最好請醫生診治。

大展出版社有限公司 品冠文化出版社

圖書目錄

地址：台北市北投區(石牌)
致遠一路二段 12 巷 1 號
郵撥：01669551＜大展＞
19346241＜品冠＞

電話：(02) 28236031
28236033
28233123
傳真：(02) 28272069

・少年偵探・品冠編號 66

1. 怪盜二十面相 （精） 江戶川亂步著 特價 189 元
2. 少年偵探團 （精） 江戶川亂步著 特價 189 元
3. 妖怪博士 （精） 江戶川亂步著 特價 189 元
4. 大金塊 （精） 江戶川亂步著 特價 230 元
5. 青銅魔人 （精） 江戶川亂步著 特價 230 元
6. 地底魔術王 （精） 江戶川亂步著 特價 230 元
7. 透明怪人 （精） 江戶川亂步著 特價 230 元
8. 怪人四十面相 （精） 江戶川亂步著 特價 230 元
9. 宇宙怪人 （精） 江戶川亂步著 特價 230 元
10. 恐怖的鐵塔王國 （精） 江戶川亂步著 特價 230 元
11. 灰色巨人 （精） 江戶川亂步著 特價 230 元
12. 海底魔術師 （精） 江戶川亂步著 特價 230 元
13. 黃金豹 （精） 江戶川亂步著 特價 230 元
14. 魔法博士 （精） 江戶川亂步著 特價 230 元
15. 馬戲怪人 （精） 江戶川亂步著 特價 230 元
16. 魔人銅鑼 （精） 江戶川亂步著 特價 230 元
17. 魔法人偶 （精） 江戶川亂步著 特價 230 元
18. 奇面城的秘密 （精） 江戶川亂步著 特價 230 元
19. 夜光人 （精） 江戶川亂步著 特價 230 元
20. 塔上的魔術師 （精） 江戶川亂步著 特價 230 元
21. 鐵人Q （精） 江戶川亂步著 特價 230 元
22. 假面恐怖王 （精） 江戶川亂步著 特價 230 元
23. 電人M （精） 江戶川亂步著 特價 230 元
24. 二十面相的詛咒 （精） 江戶川亂步著 特價 230 元
25. 飛天二十面相 （精） 江戶川亂步著 特價 230 元
26. 黃金怪獸 （精） 江戶川亂步著 特價 230 元

・生活廣場・品冠編號 61

1. 366 天誕生星 李芳黛譯 280 元
2. 366 天誕生花與誕生石 李芳黛譯 280 元
3. 科學命相 淺野八郎著 220 元
4. 已知的他界科學 陳蒼杰譯 220 元

5. 開拓未來的他界科學　陳蒼杰譯　220 元
6. 世紀末變態心理犯罪檔案　沈永嘉譯　240 元
7. 366 天開運年鑑　林廷宇編著　230 元
8. 色彩學與你　野村順一著　230 元
9. 科學手相　淺野八郎著　230 元
10. 你也能成為戀愛高手　柯富陽編著　220 元
11. 血型與十二星座　許淑瑛編著　230 元
12. 動物測驗—人性現形　淺野八郎著　200 元
13. 愛情、幸福完全自測　淺野八郎著　200 元
14. 輕鬆攻佔女性　趙奕世編著　230 元
15. 解讀命運密碼　郭宗德著　200 元
16. 由客家了解亞洲　高木桂藏著　220 元

・女醫師系列・品冠編號 62

1. 子宮內膜症　國府田清子著　200 元
2. 子宮肌瘤　黑島淳子著　200 元
3. 上班女性的壓力症候群　池下育子著　200 元
4. 漏尿、尿失禁　中田真木著　200 元
5. 高齡生產　大鷹美子著　200 元
6. 子宮癌　上坊敏子著　200 元
7. 避孕　早乙女智子著　200 元
8. 不孕症　中村春根著　200 元
9. 生理痛與生理不順　堀口雅子著　200 元
10. 更年期　野末悅子著　200 元

・傳統民俗療法・品冠編號 63

1. 神奇刀療法　潘文雄著　200 元
2. 神奇拍打療法　安在峰著　200 元
3. 神奇拔罐療法　安在峰著　200 元
4. 神奇艾灸療法　安在峰著　200 元
5. 神奇貼敷療法　安在峰著　200 元
6. 神奇薰洗療法　安在峰著　200 元
7. 神奇耳穴療法　安在峰著　200 元
8. 神奇指針療法　安在峰著　200 元
9. 神奇藥酒療法　安在峰著　200 元
10. 神奇藥茶療法　安在峰著　200 元
11. 神奇推拿療法　張貴荷著　200 元
12. 神奇止痛療法　漆 浩 著　200 元

・常見病藥膳調養叢書・品冠編號 631

1. 脂肪肝四季飲食　蕭守貴著　200 元

2. 高血壓四季飲食　秦玖剛著　200 元
3. 慢性腎炎四季飲食　魏從強著　200 元
4. 高脂血症四季飲食　薛輝著　200 元
5. 慢性胃炎四季飲食　馬秉祥著　200 元
6. 糖尿病四季飲食　王耀獻著　200 元
7. 癌症四季飲食　李忠著　200 元
8. 痛風四季飲食　魯焰主編　200 元
9. 肝炎四季飲食　王虹等著　200 元
10. 肥胖症四季飲食　李偉等著　200 元
11. 膽囊炎、膽石症四季飲食　謝春娥著　200 元

・彩色圖解保健・品冠編號 64

1. 瘦身　主婦之友社　300 元
2. 腰痛　主婦之友社　300 元
3. 肩膀痠痛　主婦之友社　300 元
4. 腰、膝、腳的疼痛　主婦之友社　300 元
5. 壓力、精神疲勞　主婦之友社　300 元
6. 眼睛疲勞、視力減退　主婦之友社　300 元

・心 想 事 成・品冠編號 65

1. 魔法愛情點心　結城莫拉著　120 元
2. 可愛手工飾品　結城莫拉著　120 元
3. 可愛打扮 & 髮型　結城莫拉著　120 元
4. 撲克牌算命　結城莫拉著　120 元

・熱 門 新 知・品冠編號 67

1. 圖解基因與 DNA　（精）　中原英臣主編　230 元
2. 圖解人體的神奇　（精）　米山公啟主編　230 元
3. 圖解腦與心的構造　（精）　永田和哉主編　230 元
4. 圖解科學的神奇　（精）　鳥海光弘主編　230 元
5. 圖解數學的神奇　（精）　柳 谷 晃著　250 元
6. 圖解基因操作　（精）　海老原充主編　230 元
7. 圖解後基因組　（精）　才園哲人著　230 元

・武 術 特 輯・大展編號 10

1. 陳式太極拳入門　馮志強編著　180 元
2. 武式太極拳　郝少如編著　200 元
3. 中國跆拳道實戰 100 例　岳維傳著　220 元
4. 教門長拳　蕭京凌編著　150 元
5. 跆拳道　蕭京凌編譯　180 元

書名	作者	定價
6. 正傳合氣道	程曉鈴譯	200 元
8. 格鬥空手道	鄭旭旭編著	200 元
9. 實用跆拳道	陳國榮編著	200 元
10. 武術初學指南	李文英、解守德編著	250 元
11. 泰國拳	陳國榮著	180 元
12. 中國式摔跤	黃 斌編著	180 元
13. 太極劍入門	李德印編著	180 元
14. 太極拳運動	運動司編	250 元
15. 太極拳譜	清・王宗岳等著	280 元
16. 散手初學	冷 峰編著	200 元
17. 南拳	朱瑞琪編著	180 元
18. 吳式太極劍	王培生著	200 元
19. 太極拳健身與技擊	王培生著	250 元
20. 秘傳武當八卦掌	狄兆龍著	250 元
21. 太極拳論譚	沈 壽著	250 元
22. 陳式太極拳技擊法	馬 虹著	250 元
23. 二十四式 三十二式 太極 拳 劍	闞桂香著	180 元
24. 楊式秘傳 129 式太極長拳	張楚全著	280 元
25. 楊式太極拳架詳解	林炳堯著	280 元
26. 華佗五禽劍	劉時榮著	180 元
27. 太極拳基礎講座：基本功與簡化 24 式	李德印著	250 元
28. 武式太極拳精華	薛乃印著	200 元
29. 陳式太極拳拳理闡微	馬 虹著	350 元
30. 陳式太極拳體用全書	馬 虹著	400 元
31. 張三豐太極拳	陳占奎著	200 元
32. 中國太極推手	張 山主編	300 元
33. 48 式太極拳入門	門惠豐編著	220 元
34. 太極拳奇人奇功	嚴翰秀編著	250 元
35. 心意門秘籍	李新民編著	220 元
36. 三才門乾坤戊己功	王培生編著	220 元
37. 武式太極劍精華＋VCD	薛乃印編著	350 元
38. 楊式太極拳	傅鐘文演述	200 元
39. 陳式太極拳、劍 36 式	闞桂香編著	250 元
40. 正宗武式太極拳	薛乃印著	220 元
41. 杜元化＜太極拳正宗＞考析	王海洲等著	300 元
42. ＜珍貴版＞陳式太極拳	沈家楨著	280 元
43. 24 式太極拳＋VCD	中國國家體育總局著	350 元
44. 太極推手絕技	安在峰編著	250 元
45. 孫祿堂武學錄	孫祿堂著	300 元
46. ＜珍貴本＞陳式太極拳精選	馮志強著	280 元
47. 武當趙堡太極拳小架	鄭悟清傳授	250 元
48. 太極拳習練知識問答	邱丕相主編	220 元
49. 八法拳 八法槍	武世俊著	220 元
50. 地趟拳＋VCD	張憲政著	350 元

51.	四十八式太極拳＋VCD	楊　靜演示	400 元
52.	三十二式太極劍＋VCD	楊　靜演示	300 元
53.	隨曲就伸 中國太極拳名家對話錄	余功保著	300 元
54.	陳式太極拳五功八法十三勢	鬫桂香著	200 元
55.	六合螳螂拳	劉敬儒等著	280 元
56.	古本新探華佗五禽戲	劉時榮編著	180 元
57.	陳式太極拳養生功＋VCD	陳正雷著	350 元
58.	中國循經太極拳二十四式教程	李兆生著	300 元
59.	<珍貴本>太極拳研究	唐豪・顧留馨著	250 元
60.	武當三豐太極拳	劉嗣傳著	300 元
61.	楊式太極拳體用圖解	崔仲三編著	350 元
62.	太極十三刀	張耀忠編著	230 元
63.	和式太極拳譜＋VCD	和有祿編著	450 元

・彩色圖解太極武術・大展編號 102

1.	太極功夫扇	李德印編著	220 元
2.	武當太極劍	李德印編著	220 元
3.	楊式太極劍	李德印編著	220 元
4.	楊式太極刀	王志遠著	220 元
5.	二十四式太極拳（楊式）＋VCD	李德印編著	350 元
6.	三十二式太極劍（楊式）＋VCD	李德印編著	350 元
7.	四十二式太極劍＋VCD	李德印編著	350 元
8.	四十二式太極拳＋VCD	李德印編著	350 元
9.	16 式太極拳 18 式太極劍＋VCD	崔仲三著	350 元
10.	楊氏 28 式太極拳＋VCD	趙幼斌著	350 元
11.	楊式太極拳 40 式＋VCD	宗維潔編著	350 元
12.	陳式太極拳 56 式＋VCD	黃康輝等著	350 元
13.	吳式太極拳 45 式＋VCD	宗維潔編著	350 元
14.	精簡陳式太極拳 8 式、16 式	黃康輝編著	220 元
15.	精簡吳式太極拳<36 式拳架・推手>	柳恩久主編	220 元
16.	夕陽美功夫扇	李德印著	220 元

・國際武術競賽套路・大展編號 103

1.	長拳	李巧玲執筆	220 元
2.	劍術	程慧琨執筆	220 元
3.	刀術	劉同為執筆	220 元
4.	槍術	張躍寧執筆	220 元
5.	棍術	殷玉柱執筆	220 元

・簡化太極拳・大展編號 104

1.	陳式太極拳十三式	陳正雷編著	200 元

2. 楊式太極拳十三式　楊振鐸編著　200 元
3. 吳式太極拳十三式　李秉慈編著　200 元
4. 武式太極拳十三式　喬松茂編著　200 元
5. 孫式太極拳十三式　孫劍雲編著　200 元
6. 趙堡太極拳十三式　王海洲編著　200 元

・中國當代太極拳名家名著・大展編號 106

1. 李德印太極拳規範教程　李德印著　550 元
2. 王培生吳式太極拳詮真　王培生著　500 元
3. 喬松茂武式太極拳詮真　喬松茂著　450 元
4. 孫劍雲孫式太極拳詮真　孫劍雲著　350 元
5. 王海洲趙堡太極拳詮真　王海洲著　500 元
6. 鄭琛太極拳道詮真　鄭琛著　450 元

・名師出高徒・大展編號 111

1. 武術基本功與基本動作　劉玉萍編著　200 元
2. 長拳入門與精進　吳彬等著　220 元
3. 劍術刀術入門與精進　楊柏龍等著　220 元
4. 棍術、槍術入門與精進　邱丕相編著　220 元
5. 南拳入門與精進　朱瑞琪編著　220 元
6. 散手入門與精進　張山等著　220 元
7. 太極拳入門與精進　李德印編著　280 元
8. 太極推手入門與精進　田金龍編著　220 元

・實用武術技擊・大展編號 112

1. 實用自衛拳法　溫佐惠著　250 元
2. 搏擊術精選　陳清山等著　220 元
3. 秘傳防身絕技　程崑彬著　230 元
4. 振藩截拳道入門　陳琦平著　220 元
5. 實用擒拿法　韓建中著　220 元
6. 擒拿反擒拿 88 法　韓建中著　250 元
7. 武當秘門技擊術入門篇　高翔著　250 元
8. 武當秘門技擊術絕技篇　高翔著　250 元
9. 太極拳實用技擊法　武世俊著　220 元

・中國武術規定套路・大展編號 113

1. 螳螂拳　中國武術系列　300 元
2. 劈掛拳　規定套路編寫組　300 元
3. 八極拳　國家體育總局　250 元
4. 木蘭拳　國家體育總局　230 元

・中華傳統武術・大展編號 114

1.	中華古今兵械圖考	裴錫榮主編	280 元
2.	武當劍	陳湘陵編著	200 元
3.	梁派八卦掌（老八掌）	李子鳴遺著	220 元
4.	少林 72 藝與武當 36 功	裴錫榮主編	230 元
5.	三十六把擒拿	佐藤金兵衛主編	200 元
6.	武當太極拳與盤手 20 法	裴錫榮主編	220 元

・少林功夫・大展編號 115

1.	少林打擂秘訣	德虔、素法編著	300 元
2.	少林三大名拳 炮拳、大洪拳、六合拳	門惠豐等著	200 元
3.	少林三絕 氣功、點穴、擒拿	德虔編著	300 元
4.	少林怪兵器秘傳	素法等著	250 元
5.	少林護身暗器秘傳	素法等著	220 元
6.	少林金剛硬氣功	楊維編著	250 元
7.	少林棍法大全	德虔、素法編著	250 元
8.	少林看家拳	德虔、素法編著	250 元
9.	少林正宗七十二藝	德虔、素法編著	280 元
10.	少林瘋魔棍闡宗	馬德著	250 元
11.	少林正宗太祖拳法	高翔著	280 元
12.	少林拳技擊入門	劉世君編著	220 元
13.	少林十路鎮山拳	吳景川主編	300 元

・迷蹤拳系列・大展編號 116

1.	迷蹤拳（一）+VCD	李玉川編著	350 元
2.	迷蹤拳（二）+VCD	李玉川編著	350 元
3.	迷蹤拳（三）	李玉川編著	250 元
4.	迷蹤拳（四）+VCD	李玉川編著	580 元

・原地太極拳系列・大展編號 11

1.	原地綜合太極拳 24 式	胡啟賢創編	220 元
2.	原地活步太極拳 42 式	胡啟賢創編	200 元
3.	原地簡化太極拳 24 式	胡啟賢創編	200 元
4.	原地太極拳 12 式	胡啟賢創編	200 元
5.	原地青少年太極拳 22 式	胡啟賢創編	220 元

・道學文化・大展編號 12

1.	道在養生：道教長壽術	郝勤等著	250 元
2.	龍虎丹道：道教內丹術	郝勤著	300 元

3. 天上人間：道教神仙譜系 黃德海著 250 元
4. 步罡踏斗：道教祭禮儀典 張澤洪著 250 元
5. 道醫窺秘：道教醫學康復術 王慶餘等著 250 元
6. 勸善成仙：道教生命倫理 李剛著 250 元
7. 洞天福地：道教宮觀勝境 沙銘壽著 250 元
8. 青詞碧簫：道教文學藝術 楊光文等著 250 元
9. 沈博絕麗：道教格言精粹 朱耕發等著 250 元

・易　學　智　慧・大展編號 122

1. 易學與管理 余敦康主編 250 元
2. 易學與養生 劉長林等著 300 元
3. 易學與美學 劉綱紀等著 300 元
4. 易學與科技 董光壁著 280 元
5. 易學與建築 韓增祿著 280 元
6. 易學源流 鄭萬耕著 280 元
7. 易學的思維 傅雲龍等著 250 元
8. 周易與易圖 李申著 250 元
9. 中國佛教與周易 王仲堯著 350 元
10. 易學與儒學 任俊華著 350 元
11. 易學與道教符號揭秘 詹石窗著 350 元
12. 易傳通論 王博著 250 元
13. 談古論今說周易 龐鈺龍著 280 元
14. 易學與史學 吳懷祺著 230 元

・神　算　大　師・大展編號 123

1. 劉伯溫神算兵法 應涵編著 280 元
2. 姜太公神算兵法 應涵編著 280 元
3. 鬼谷子神算兵法 應涵編著 280 元
4. 諸葛亮神算兵法 應涵編著 280 元

・鑑　往　知　來・大展編號 124

1. 《三國志》給現代人的啟示 陳羲主編 220 元
2. 《史記》給現代人的啟示 陳羲主編 220 元

・秘傳占卜系列・大展編號 14

1. 手相術 淺野八郎著 180 元
2. 人相術 淺野八郎著 180 元
3. 西洋占星術 淺野八郎著 180 元
4. 中國神奇占卜 淺野八郎著 150 元
5. 夢判斷 淺野八郎著 150 元

7. 法國式血型學 淺野八郎著 150 元
8. 靈感、符咒學 淺野八郎著 150 元
9. 紙牌占卜術 淺野八郎著 150 元
10. ESP 超能力占卜 淺野八郎著 150 元
11. 猶太數的秘術 淺野八郎著 150 元
13. 塔羅牌預言秘法 淺野八郎著 200 元

・趣味心理講座・大展編號 15

1. 性格測驗（1） 探索男與女 淺野八郎著 140 元
2. 性格測驗（2） 透視人心奧秘 淺野八郎著 140 元
3. 性格測驗（3） 發現陌生的自己 淺野八郎著 140 元
4. 性格測驗（4） 發現你的真面目 淺野八郎著 140 元
5. 性格測驗（5） 讓你們吃驚 淺野八郎著 140 元
6. 性格測驗（6） 洞穿心理盲點 淺野八郎著 140 元
7. 性格測驗（7） 探索對方心理 淺野八郎著 140 元
8. 性格測驗（8） 由吃認識自己 淺野八郎著 160 元
9. 性格測驗（9） 戀愛知多少 淺野八郎著 160 元
10. 性格測驗（10）由裝扮瞭解人心 淺野八郎著 160 元
11. 性格測驗（11）敲開內心玄機 淺野八郎著 140 元
12. 性格測驗（12）透視你的未來 淺野八郎著 160 元
13. 血型與你的一生 淺野八郎著 160 元
14. 趣味推理遊戲 淺野八郎著 160 元
15. 行為語言解析 淺野八郎著 160 元

・婦 幼 天 地・大展編號 16

1. 八萬人減肥成果 黃靜香譯 180 元
2. 三分鐘減肥體操 楊鴻儒譯 150 元
3. 窈窕淑女美髮秘訣 柯素娥譯 130 元
4. 使妳更迷人 成 玉譯 130 元
5. 女性的更年期 官舒妍編譯 160 元
6. 胎內育兒法 李玉瓊編譯 150 元
7. 早產兒袋鼠式護理 唐岱蘭譯 200 元
9. 初次育兒 12 個月 婦幼天地編譯組 180 元
10. 斷乳食與幼兒食 婦幼天地編譯組 180 元
11. 培養幼兒能力與性向 婦幼天地編譯組 180 元
12. 培養幼兒創造力的玩具與遊戲 婦幼天地編譯組 180 元
13. 幼兒的症狀與疾病 婦幼天地編譯組 180 元
14. 腿部苗條健美法 婦幼天地編譯組 180 元
15. 女性腰痛別忽視 婦幼天地編譯組 150 元
16. 舒展身心體操術 李玉瓊編譯 130 元
17. 三分鐘臉部體操 趙薇妮著 160 元
18. 生動的笑容表情術 趙薇妮著 160 元

19. 心曠神怡減肥法　川津祐介著　130元
20. 內衣使妳更美麗　陳玄茹譯　130元
21. 瑜伽美姿美容　黃靜香編著　180元
22. 高雅女性裝扮學　陳珮玲譯　180元
23. 蠶糞肌膚美顏法　梨秀子著　160元
24. 認識妳的身體　李玉瓊譯　160元
25. 產後恢復苗條體態　居理安・芙萊喬著　200元
26. 正確護髮美容法　山崎伊久江著　180元
27. 安琪拉美姿養生學　安琪拉蘭斯博瑞著　180元
28. 女體性醫學剖析　增田豐著　220元
29. 懷孕與生產剖析　岡部綾子著　180元
30. 斷奶後的健康育兒　東城百合子著　220元
31. 引出孩子幹勁的責罵藝術　多湖輝著　170元
32. 培養孩子獨立的藝術　多湖輝著　170元
33. 子宮肌瘤與卵巢囊腫　陳秀琳編著　180元
34. 下半身減肥法　納他夏・史達賓著　180元
35. 女性自然美容法　吳雅菁編著　180元
36. 再也不發胖　池園悅太郎著　170元
37. 生男生女控制術　中垣勝裕著　220元
38. 使妳的肌膚更亮麗　楊　皓編著　170元
39. 臉部輪廓變美　芝崎義夫著　180元
40. 斑點、皺紋自己治療　高須克彌著　180元
41. 面皰自己治療　伊藤雄康著　180元
42. 隨心所欲瘦身冥想法　原久子著　180元
43. 胎兒革命　鈴木丈織著　180元
44. NS 磁氣平衡法塑造窈窕奇蹟　古屋和江著　180元
45. 享瘦從腳開始　山田陽子著　180元
46. 小改變瘦 4 公斤　宮本裕子著　180元
47. 軟管減肥瘦身　高橋輝男著　180元
48. 海藻精神秘美容法　劉名揚編著　180元
49. 肌膚保養與脫毛　鈴木真理著　180元
50. 10 天減肥 3 公斤　彤雲編輯組　180元
51. 穿出自己的品味　西村玲子著　280元
52. 小孩髮型設計　李芳黛譯　250元

・青　春　天　地・大展編號 17

1. A 血型與星座　柯素娥編譯　160元
2. B 血型與星座　柯素娥編譯　160元
3. O 血型與星座　柯素娥編譯　160元
4. AB 血型與星座　柯素娥編譯　120元
5. 青春期性教室　呂貴嵐編譯　130元
9. 小論文寫作秘訣　林顯茂編譯　120元
11. 中學生野外遊戲　熊谷康編著　120元

12. 恐怖極短篇　柯素娥編譯　130元
13. 恐怖夜話　小毛驢編譯　130元
14. 恐怖幽默短篇　小毛驢編譯　120元
15. 黑色幽默短篇　小毛驢編譯　120元
16. 靈異怪談　小毛驢編譯　130元
17. 錯覺遊戲　小毛驢編著　130元
18. 整人遊戲　小毛驢編著　150元
19. 有趣的超常識　柯素娥編譯　130元
20. 哦！原來如此　林慶旺編譯　130元
21. 趣味競賽100種　劉名揚編譯　120元
22. 數學謎題入門　宋釗宜編譯　150元
23. 數學謎題解析　宋釗宜編譯　150元
24. 透視男女心理　林慶旺編譯　120元
25. 少女情懷的自白　李桂蘭編譯　120元
26. 由兄弟姊妹看命運　李玉瓊編譯　130元
27. 趣味的科學魔術　林慶旺編譯　150元
28. 趣味的心理實驗室　李燕玲編譯　150元
29. 愛與性心理測驗　小毛驢編譯　130元
30. 刑案推理解謎　小毛驢編譯　180元
31. 偵探常識推理　小毛驢編譯　180元
32. 偵探常識解謎　小毛驢編譯　130元
33. 偵探推理遊戲　小毛驢編譯　180元
34. 趣味的超魔術　廖玉山編著　150元
35. 趣味的珍奇發明　柯素娥編著　150元
36. 登山用具與技巧　陳瑞菊編著　150元
37. 性的漫談　蘇燕謀編著　180元
38. 無的漫談　蘇燕謀編著　180元
39. 黑色漫談　蘇燕謀編著　180元
40. 白色漫談　蘇燕謀編著　180元

・健　康　天　地・大展編號18

1. 壓力的預防與治療　柯素娥編譯　130元
2. 超科學氣的魔力　柯素娥編譯　130元
3. 尿療法治病的神奇　中尾良一著　130元
4. 鐵證如山的尿療法奇蹟　廖玉山譯　120元
5. 一日斷食健康法　葉慈容編譯　150元
6. 胃部強健法　陳炳崑譯　120元
7. 癌症早期檢查法　廖松濤譯　160元
8. 老人痴呆症防止法　柯素娥編譯　170元
9. 松葉汁健康飲料　陳麗芬編譯　150元
10. 揉肚臍健康法　永井秋夫著　150元
11. 過勞死、猝死的預防　卓秀貞編譯　130元
12. 高血壓治療與飲食　藤山順豐著　180元

13. 老人看護指南	柯素娥編譯	150元
14. 美容外科淺談	楊啟宏著	150元
15. 美容外科新境界	楊啟宏著	150元
16. 鹽是天然的醫生	西英司郎著	140元
17. 年輕十歲不是夢	梁瑞麟譯	200元
18. 茶料理治百病	桑野和民著	180元
20. 杜仲茶養顏減肥法	西田博著	170元
21. 蜂膠驚人療效	瀨長良三郎著	180元
22. 蜂膠治百病	瀨長良三郎著	180元
23. 醫藥與生活	鄭炳全著	180元
24. 鈣長生寶典	落合敏著	180元
25. 大蒜長生寶典	木下繁太郎著	160元
26. 居家自我健康檢查	石川恭三著	160元
27. 永恆的健康人生	李秀鈴譯	200元
28. 大豆卵磷脂長生寶典	劉雪卿譯	150元
29. 芳香療法	梁艾琳譯	160元
30. 醋長生寶典	柯素娥譯	180元
31. 從星座透視健康	席拉・吉蒂斯著	180元
32. 愉悅自在保健學	野本二士夫著	160元
33. 裸睡健康法	丸山淳士等著	160元
35. 維他命長生寶典	菅原明子著	180元
36. 維他命C新效果	鐘文訓編	150元
37. 手、腳病理按摩	堤芳朗著	160元
38. AIDS瞭解與預防	彼得塔歇爾著	180元
39. 甲殼質殼聚糖健康法	沈永嘉譯	160元
40. 神經痛預防與治療	木下真男著	160元
41. 室內身體鍛鍊法	陳炳崑編著	160元
42. 吃出健康藥膳	劉大器編著	180元
43. 自我指壓術	蘇燕謀編著	160元
44. 紅蘿蔔汁斷食療法	李玉瓊編著	150元
45. 洗心術健康秘法	竺翠萍編譯	170元
46. 枇杷葉健康療法	柯素娥編譯	180元
47. 抗衰血癒	楊啟宏著	180元
48. 與癌搏鬥記	逸見政孝著	180元
49. 冬蟲夏草長生寶典	高橋義博著	170元
50. 痔瘡・大腸疾病先端療法	宮島伸宜著	180元
51. 膠布治癒頑固慢性病	加瀨建造著	180元
52. 芝麻神奇健康法	小林貞作著	170元
53. 香煙能防止癡呆？	高田明和著	180元
54. 穀菜食治癌療法	佐藤成志著	180元
55. 貼藥健康法	松原英多著	180元
56. 克服癌症調和道呼吸法	帶津良一著	180元
57. B型肝炎預防與治療	野村喜重郎著	180元
58. 青春永駐養生導引術	早島正雄著	180元

59. 改變呼吸法創造健康	原久子著	180 元
60. 荷爾蒙平衡養生秘訣	出村博著	180 元
61. 水美肌健康法	井戶勝富著	170 元
62. 認識食物掌握健康	廖梅珠編著	170 元
64. 酸莖菌驚人療效	上田明彥著	180 元
65. 大豆卵磷脂治現代病	神津健一著	200 元
66. 時辰療法—危險時刻凌晨 4 時	呂建強等著	180 元
67. 自然治癒力提升法	帶津良一著	180 元
68. 巧妙的氣保健法	藤平墨子著	180 元
69. 治癒 C 型肝炎	熊田博光著	180 元
70. 肝臟病預防與治療	劉名揚編著	180 元
71. 腰痛平衡療法	荒井政信著	180 元
72. 根治多汗症、狐臭	稻葉益巳著	220 元
73. 40 歲以後的骨質疏鬆症	沈永嘉譯	180 元
74. 認識中藥	松下一成著	180 元
75. 認識氣的科學	佐佐木茂美著	180 元
76. 我戰勝了癌症	安田伸著	180 元
77. 斑點是身心的危險信號	中野進著	180 元
78. 艾波拉病毒大震撼	玉川重德著	180 元
79. 重新還我黑髮	桑名隆一郎著	180 元
80. 身體節律與健康	林博史著	180 元
81. 生薑治萬病	石原結實著	180 元
83. 木炭驚人的威力	大槻彰著	200 元
84. 認識活性氧	井土貴司著	180 元
85. 深海鮫治百病	廖玉山編著	180 元
86. 神奇的蜂王乳	井上丹治著	180 元
87. 卡拉 OK 健腦法	東潔著	180 元
88. 卡拉 OK 健康法	福田伴男著	180 元
89. 醫藥與生活（二）	鄭炳全著	200 元
90. 洋蔥治百病	宮尾興平著	180 元
91. 年輕 10 歲快步健康法	石塚忠雄著	180 元
92. 石榴的驚人神效	岡本順子著	180 元
93. 飲料健康法	白鳥早奈英著	180 元
94. 健康棒體操	劉名揚編譯	180 元
95. 催眠健康法	蕭京凌編著	180 元
96. 鬱金（美王）治百病	水野修一著	180 元
97. 醫藥與生活（三）	鄭炳全著	200 元

・實用女性學講座・大展編號 19

1. 解讀女性內心世界	島田一男著	150 元
2. 塑造成熟的女性	島田一男著	150 元
3. 女性整體裝扮學	黃靜香編著	180 元
4. 女性應對禮儀	黃靜香編著	180 元

5. 女性婚前必修　小野十傳著　200元
6. 徹底瞭解女人　田口二州著　180元
7. 拆穿女性謊言 88 招　島田一男著　200元
8. 解讀女人心　島田一男著　200元
9. 俘獲女性絕招　志賀貢著　200元
10. 愛情的壓力解套　中村理英子著　200元
11. 妳是人見人愛的女孩　廖松濤編著　200元

・校園系列・大展編號 20

1. 讀書集中術　多湖輝著　180元
2. 應考的訣竅　多湖輝著　150元
3. 輕鬆讀書贏得聯考　多湖輝著　180元
4. 讀書記憶秘訣　多湖輝著　180元
5. 視力恢復！超速讀術　江錦雲譯　180元
6. 讀書 36 計　黃柏松編著　180元
7. 驚人的速讀術　鐘文訓編著　170元
8. 學生課業輔導良方　多湖輝著　180元
9. 超速讀超記憶法　廖松濤編著　180元
10. 速算解題技巧　宋釗宜編著　200元
11. 看圖學英文　陳炳崑編著　200元
12. 讓孩子最喜歡數學　沈永嘉譯　180元
13. 催眠記憶術　林碧清譯　180元
14. 催眠速讀術　林碧清譯　180元
15. 數學式思考學習法　劉淑錦譯　200元
16. 考試憑要領　劉孝暉著　180元
17. 事半功倍讀書法　王毅希著　200元
18. 超金榜題名術　陳蒼杰譯　200元
19. 靈活記憶術　林耀慶編著　180元
20. 數學增強要領　江修楨編著　180元
21. 使頭腦靈活的數學　逢澤明著　200元
22. 難解數學破題　宋釗宜著　200元

・實用心理學講座・大展編號 21

1. 拆穿欺騙伎倆　多湖輝著　140元
2. 創造好構想　多湖輝著　140元
3. 面對面心理術　多湖輝著　160元
4. 偽裝心理術　多湖輝著　140元
5. 透視人性弱點　多湖輝著　180元
6. 自我表現術　多湖輝著　180元
7. 不可思議的人性心理　多湖輝著　180元
8. 催眠術入門　多湖輝著　180元
9. 責罵部屬的藝術　多湖輝著　150元

10. 精神力	多湖輝著	150元
11. 厚黑說服術	多湖輝著	150元
12. 集中力	多湖輝著	150元
13. 構想力	多湖輝著	150元
14. 深層心理術	多湖輝著	160元
15. 深層語言術	多湖輝著	160元
16. 深層說服術	多湖輝著	180元
17. 掌握潛在心理	多湖輝著	160元
18. 洞悉心理陷阱	多湖輝著	180元
19. 解讀金錢心理	多湖輝著	180元
20. 拆穿語言圈套	多湖輝著	180元
21. 語言的內心玄機	多湖輝著	180元
22. 積極力	多湖輝著	180元

・超現實心靈講座・大展編號 22

1. 超意識覺醒法	詹蔚芬編譯	130元
2. 護摩秘法與人生	劉名揚編譯	130元
3. 秘法！超級仙術入門	陸明譯	150元
4. 給地球人的訊息	柯素娥編著	150元
5. 密教的神通力	劉名揚編著	130元
6. 神秘奇妙的世界	平川陽一著	200元
7. 地球文明的超革命	吳秋嬌譯	200元
8. 力量石的秘密	吳秋嬌譯	180元
9. 超能力的靈異世界	馬小莉譯	200元
10. 逃離地球毀滅的命運	吳秋嬌譯	200元
11. 宇宙與地球終結之謎	南山宏著	200元
12. 驚世奇功揭秘	傅起鳳著	200元
13. 啟發身心潛力心象訓練法	栗田昌裕著	180元
14. 仙道術遁甲法	高藤聰一郎著	220元
15. 神通力的秘密	中岡俊哉著	180元
16. 仙人成仙術	高藤聰一郎著	200元
17. 仙道符咒氣功法	高藤聰一郎著	220元
18. 仙道風水術尋龍法	高藤聰一郎著	200元
19. 仙道奇蹟超幻像	高藤聰一郎著	200元
20. 仙道鍊金術房中法	高藤聰一郎著	200元
21. 奇蹟超醫療治癒難病	深野一幸著	220元
22. 揭開月球的神秘力量	超科學研究會	180元
23. 秘傳！西藏密教奧義	高藤聰一郎著	250元
24. 改變你的夢術入門	高藤聰一郎著	250元
25. 21世紀拯救地球超技術	深野一幸著	250元

・養　生　保　健・大展編號 23

1.	醫療養生氣功	黃孝寬著	250元
2.	中國氣功圖譜	余功保著	250元
3.	少林醫療氣功精粹	井玉蘭著	250元
4.	龍形實用氣功	吳大才等著	220元
5.	魚戲增視強身氣功	宮　嬰著	220元
6.	嚴新氣功	前新培金著	250元
7.	道家玄牝氣功	張　章著	200元
8.	仙家秘傳袪病功	李遠國著	160元
9.	少林十大健身功	秦慶豐著	180元
10.	中國自控氣功	張明武著	250元
11.	醫療防癌氣功	黃孝寬著	250元
12.	醫療強身氣功	黃孝寬著	250元
13.	醫療點穴氣功	黃孝寬著	250元
14.	中國八卦如意功	趙維漢著	180元
15.	正宗馬禮堂養氣功	馬禮堂著	420元
16.	秘傳道家筋經內丹功	王慶餘著	300元
17.	三元開慧功	辛桂林著	250元
18.	防癌治癌新氣功	郭　林著	180元
19.	禪定與佛家氣功修煉	劉天君著	200元
20.	顛倒之術	梅自強著	360元
21.	簡明氣功辭典	吳家駿編	360元
22.	八卦三合功	張全亮著	230元
23.	朱砂掌健身養生功	楊永著	250元
24.	抗老功	陳九鶴著	230元
25.	意氣按穴排濁自療法	黃啟運編著	250元
26.	陳式太極拳養生功	陳正雷著	200元
27.	健身祛病小功法	王培生著	200元
28.	張式太極混元功	張春銘著	250元
29.	中國璇密功	羅琴編著	250元
30.	中國少林禪密功	齊飛龍著	200元
31.	郭林新氣功	郭林新氣功研究所	400元
32.	太極 八卦之源與健身養生	鄭志鴻等著	280元
33.	現代原始氣功<1>	林始原著	400元

・社會人智囊・大展編號 24

1.	糾紛談判術	清水增三著	160元
2.	創造關鍵術	淺野八郎著	150元
3.	觀人術	淺野八郎著	200元
4.	應急詭辯術	廖英迪編著	160元
5.	天才家學習術	木原武一著	160元
6.	貓型狗式鑑人術	淺野八郎著	180元
7.	逆轉運掌握術	淺野八郎著	180元
8.	人際圓融術	澀谷昌三著	160元

9. 解讀人心術 淺野八郎著 180元
10. 與上司水乳交融術 秋元隆司著 180元
11. 男女心態定律 小田晉著 180元
12. 幽默說話術 林振輝編著 200元
13. 人能信賴幾分 淺野八郎著 180元
14. 我一定能成功 李玉瓊譯 180元
15. 獻給青年的嘉言 陳蒼杰譯 180元
16. 知人、知面、知其心 林振輝編著 180元
17. 塑造堅強的個性 坂上肇著 180元
18. 為自己而活 佐藤綾子著 180元
19. 未來十年與愉快生活有約 船井幸雄著 180元
20. 超級銷售話術 杜秀卿譯 180元
21. 感性培育術 黃靜香編著 180元
22. 公司新鮮人的禮儀規範 蔡媛惠譯 180元
23. 傑出職員鍛鍊術 佐佐木正著 180元
24. 面談獲勝戰略 李芳黛譯 180元
25. 金玉良言撼人心 森純大著 180元
26. 男女幽默趣典 劉華亭編著 180元
27. 機智說話術 劉華亭編著 180元
28. 心理諮商室 柯素娥譯 180元
29. 如何在公司崢嶸頭角 佐佐木正著 180元
30. 機智應對術 李玉瓊編著 200元
31. 克服低潮良方 坂野雄二著 180元
32. 智慧型說話技巧 沈永嘉編著 180元
33. 記憶力、集中力增進術 廖松濤編著 180元
34. 女職員培育術 林慶旺編著 180元
35. 自我介紹與社交禮儀 柯素娥編著 180元
36. 積極生活創幸福 田中真澄著 180元
37. 妙點子超構想 多湖輝著 180元
38. 說 NO 的技巧 廖玉山編著 180元
39. 一流說服力 李玉瓊編著 180元
40. 般若心經成功哲學 陳鴻蘭編著 180元
41. 訪問推銷術 黃靜香編著 180元
42. 男性成功秘訣 陳蒼杰編著 180元
43. 笑容、人際智商 宮川澄子著 180元
44. 多湖輝的構想工作室 多湖輝著 200元
45. 名人名語啟示錄 喬家楓著 180元
46. 口才必勝術 黃柏松編著 220元
47. 能言善道的說話秘訣 章智冠編著 180元
48. 改變人心成為贏家 多湖輝著 200元
49. 說服的IQ 沈永嘉譯 200元
50. 提升腦力超速讀術 齊藤英治著 200元
51. 操控對手百戰百勝 多湖輝著 200元
52. 面試成功戰略 柯素娥編著 200元

53. 摸透男人心　劉華亭編著　180 元
54. 撼動人心優勢口才　龔伯牧編著　180 元
55. 如何使對方說 yes　程　羲編著　200 元
56. 小道理・美好生活　林政峰編著　180 元
57. 拿破崙智慧箴言　柯素娥編著　200 元
58. 解開第六感之謎　匠英一編著　200 元
59. 讀心術入門　王嘉成編著　180 元
60. 這趟人生怎麼走　李亦盛編著　200 元
61. 這趟人生無限好　李亦盛編著　200 元

・精　選　系　列・大展編號 25

1. 毛澤東與鄧小平　渡邊利夫等著　280 元
2. 中國大崩裂　江戶介雄著　180 元
3. 台灣・亞洲奇蹟　上村幸治著　220 元
4. 7-ELEVEN 高盈收策略　國友隆一著　180 元
5. 台灣獨立（新・中國日本戰爭一）　森詠著　200 元
6. 迷失中國的末路　江戶雄介著　220 元
7. 2000 年 5 月全世界毀滅　紫藤甲子男著　180 元
8. 失去鄧小平的中國　小島朋之著　220 元
9. 世界史爭議性異人傳　桐生操著　200 元
10. 淨化心靈享人生　松濤弘道著　220 元
11. 人生心情診斷　賴藤和寬著　220 元
12. 中美大決戰　檜山良昭著　220 元
13. 黃昏帝國美國　莊雯琳譯　220 元
14. 兩岸衝突（新・中國日本戰爭二）　森詠著　220 元
15. 封鎖台灣（新・中國日本戰爭三）　森詠著　220 元
16. 中國分裂（新・中國日本戰爭四）　森詠著　220 元
17. 由女變男的我　虎井正衛著　200 元
18. 佛學的安心立命　松濤弘道著　220 元
19. 世界喪禮大觀　松濤弘道著　280 元
20. 中國內戰（新・中國日本戰爭五）　森詠著　220 元
21. 台灣內亂（新・中國日本戰爭六）　森詠著　220 元
22. 琉球戰爭①（新・中國日本戰爭七）　森詠著　220 元
23. 琉球戰爭②（新・中國日本戰爭八）　森詠著　220 元
24. 台海戰爭（新・中國日本戰爭九）　森詠著　220 元
25. 美中開戰（新・中國日本戰爭十）　森詠著　220 元
26. 東海戰爭①（新・中國日本戰爭十一）森詠著　220 元
27. 東海戰爭②（新・中國日本戰爭十二）森詠著　220 元

・運　動　遊　戲・大展編號 26

1. 雙人運動　李玉瓊譯　160 元
2. 愉快的跳繩運動　廖玉山譯　180 元

3. 運動會項目精選　王佑京譯　150元
4. 肋木運動　廖玉山譯　150元
5. 測力運動　王佑宗譯　150元
6. 游泳入門　唐桂萍編著　200元
7. 帆板衝浪　王勝利譯　300元
8. 蛙泳七日通　溫仲華編著　180元
9. 中老年人游泳指導　溫仲華著　180元
10. 爬泳(自由式)技術與練習　吳河海著　180元
11. 仰泳技術與練習　吳河海著　180元
12. 蝶泳技術與練習　吳河海著　180元
20. 乒乓球發球與接發球　張良西著　200元
21. 乒乓球雙打　李浩松著　180元
22. 乒乓球削球　王蒲主編　220元
23. 乒乓球打法與戰術　岳海鵬編著　220元
24. 乒乓球步法的技巧　張博著　220元

・運動精進叢書・大展編號 261

1. 怎樣跑得快　沈信生主編　200元
2. 怎樣投得遠　沈信生主編　180元
3. 怎樣跳得遠　沈信生主編　180元
4. 怎樣跳得高　沈信生主編　180元
5. 高爾夫揮桿原理　耿玉東編著　220元

・休閒娛樂・大展編號 27

1. 海水魚飼養法　田中智浩著　300元
2. 金魚飼養法　曾雪玫譯　250元
3. 熱門海水魚　毛利匡明著　480元
4. 愛犬的教養與訓練　池田好雄著　250元
5. 狗教養與疾病　杉浦哲著　220元
6. 小動物養育技巧　三上昇著　300元
7. 水草選擇、培育、消遣　安齊裕司著　300元
8. 四季釣魚法　釣朋會著　200元
9. 簡易釣魚入門　張果馨譯　200元
10. 防波堤釣入門　張果馨譯　220元
11. 透析愛犬習性　沈永嘉譯　200元
17. 養花竅門 99 招　劉宏濤編著　220元
18. 盆花養護 99 招　劉宏濤編著　220元
19. 盆景養護 83 招　彭春生編著　220元
20. 園藝植物管理　船越亮二著　220元
21. 實用家庭菜園ＤＩＹ　孔翔儀著　200元
22. 住宅修補ＤＩＹ　吉田徹著　200元
23. 假日木工ＤＩＹ　李久霖譯　200元

30. 汽車急救ＤＩＹ 陳瑞雄編著 200元
31. 巴士旅行遊戲 陳羲編著 180元
32. 測驗你的ＩＱ 蕭京凌編著 180元
33. 益智數字遊戲 廖玉山編著 180元
34. 益智腦力激盪 劉筱卉編著 180元
40. 撲克牌遊戲與贏牌秘訣 林振輝編著 180元
41. 撲克牌魔術、算命、遊戲 林振輝編著 180元
42. 撲克占卜入門 王家成編著 180元
43. 撲克牌遊戲入門 張欣筑編著 180元
49. 趣味性史漫談 玄虛叟編著 200元
50. 兩性幽默 幽默選集編輯組 180元
51. 異色幽默 幽默選集編輯組 180元
52. 幽默魔法鏡 玄虛叟編著 180元
53. 幽默樂透站 玄虛叟編著 180元
60. 圖解交際舞速成 鐘文訓編著 220元
70. 亞洲真實恐怖事件 楊鴻儒譯 200元

・銀髮族智慧學・大展編號 28

1. 銀髮六十樂逍遙 多湖輝著 170元
2. 人生六十反年輕 多湖輝著 170元
3. 六十歲的決斷 多湖輝著 170元
4. 銀髮族健身指南 孫瑞台編著 250元
5. 退休後的夫妻健康生活 施聖茹譯 200元

・飲 食 保 健・大展編號 29

1. 自己製作健康茶 大海淳著 220元
2. 好吃、具藥效茶料理 德永睦子著 220元
3. 改善慢性病健康藥草茶 吳秋嬌譯 200元
4. 藥酒與健康果菜汁 成玉編著 250元
5. 家庭保健養生湯 馬汴梁編著 220元
6. 降低膽固醇的飲食 早川和志著 200元
7. 女性癌症的飲食 女子營養大學 280元
8. 痛風者的飲食 女子營養大學 280元
9. 貧血者的飲食 女子營養大學 280元
10. 高脂血症者的飲食 女子營養大學 280元
11. 男性癌症的飲食 女子營養大學 280元
12. 過敏者的飲食 女子營養大學 280元
13. 心臟病的飲食 女子營養大學 280元
14. 滋陰壯陽的飲食 王增著 220元
15. 胃、十二指腸潰瘍的飲食 勝健一等著 280元
16. 肥胖者的飲食 雨宮禎子等著 280元
17. 癌症有效的飲食 河內卓等著 300元

18. 糖尿病有效的飲食　山田信博等著　300元
19. 骨質疏鬆症有效的飲食　板橋明等著　300元
20. 高血壓有效的飲食　大內尉義著　300元
21. 肝病有效的飲食　田中武等著　300元
22. 成人病有效的飲食　編輯群著　230元

・家庭醫學保健・大展編號 30

1. 女性醫學大全　雨森良彥著　380元
2. 初為人父育兒寶典　小瀧周曹著　220元
3. 性活力強健法　相建華著　220元
4. 30歲以上的懷孕與生產　李芳黛編著　220元
5. 舒適的女性更年期　野末悅子著　200元
6. 夫妻前戲的技巧　笠井寬司著　200元
7. 病理足穴按摩　金慧明著　220元
8. 爸爸的更年期　河野孝旺著　200元
9. 橡皮帶健康法　山田晶著　180元
10. 三十三天健美減肥　相建華等著　180元
11. 男性健美入門　孫玉祿編著　180元
12. 強化肝臟秘訣　主婦之友社編　200元
13. 了解藥物副作用　張果馨譯　200元
15. 左轉健康法　龜田修等著　200元
16. 實用天然藥物　鄭炳全編著　260元
17. 神秘無痛平衡療法　林宗駛著　180元
18 膝蓋健康法　張果馨譯　180元
19. 針灸治百病　葛書翰著　250元
20. 異位性皮膚炎治癒法　吳秋嬌譯　220元
21. 禿髮白髮預防與治療　陳炳崑編著　180元
22. 埃及皇宮菜健康法　飯森薰著　200元
23. 肝臟病安心治療　上野幸久著　220元
24. 耳穴治百病　陳抗美等著　250元
25. 高效果指壓法　五十嵐康彥著　200元
26. 瘦水、胖水　鈴木園子著　200元
27. 手針新療法　朱振華著　200元
28. 香港腳預防與治療　劉小惠譯　250元
29. 智慧飲食吃出健康　柯富陽編著　200元
30. 牙齒保健法　廖玉山編著　200元
31. 恢復元氣養生食　張果馨譯　200元
32. 特效推拿按摩術　李玉田著　200元
33. 一週一次健康法　若狹真著　200元
34. 家常科學膳食　大塚滋著　220元
35. 夫妻們閱讀的男性不孕　原利夫著　220元
36. 自我瘦身美容　馬野詠子著　200元
37. 魔法姿勢益健康　五十嵐康彥著　200元

38. 眼病錘療法	馬栩周著	200 元
39. 預防骨質疏鬆症	藤田拓男著	200 元
40. 骨質增生效驗方	李吉茂編著	250 元
41. 蕺菜健康法	小林正夫著	200 元
42. 赧於啟齒的男性煩惱	增田豐著	220 元
43. 簡易自我健康檢查	稻葉允著	250 元
44. 實用花草健康法	友田純子著	200 元
45. 神奇的手掌療法	日比野喬著	230 元
46. 家庭式三大穴道療法	刑部忠和著	200 元
47. 子宮癌、卵巢癌	岡島弘幸著	220 元
48. 糖尿病機能性食品	劉雪卿編著	220 元
49. 奇蹟活現經脈美容法	林振輝編譯	200 元
50. Super SEX	秋好憲一著	220 元
51. 了解避孕丸	林玉佩譯	200 元
52. 有趣的遺傳學	蕭京凌編著	200 元
53. 強身健腦手指運動	羅群等著	250 元
54. 小周天健康法	莊雯琳譯	200 元
55. 中西醫結合醫療	陳蒼杰譯	200 元
56. 沐浴健康法	楊鴻儒譯	200 元
57. 節食瘦身秘訣	張芷欣編著	200 元
58. 酵素健康法	楊皓譯	200 元
59. 一天 10 分鐘健康太極拳	劉小惠譯	250 元
60. 中老年人疲勞消除法	五味雅吉著	220 元
61. 與齲齒訣別	楊鴻儒譯	220 元
62. 禪宗自然養生法	費德漢編著	200 元
63. 女性切身醫學	編輯群編	200 元
64. 乳癌發現與治療	黃靜香編著	200 元
65. 做媽媽之前的孕婦日記	林慈姮編著	180 元
66. 從誕生到一歲的嬰兒日記	林慈姮編著	180 元
67. 6 個月輕鬆增高	江秀珍譯	200 元
68. 一輩子年輕開心	編輯群編	200 元
69. 怎可盲目減肥	編輯群編	200 元
70. 『腳』萬病之源	阿部幼子著	200 元
71. 睡眠健康養生法	編輯群編著	200 元
72. 水中漫步健康法	野村武男著	220 元
73. 孩子運動傷害預防與治療	松井達也著	200 元
74. 病從血液起	溝口秀昭著	200 元
75. 男性元氣ＩＱ	編輯群編著	200 元

・快樂健美站・大展編號 302

1. 柔力健身球（精）	姜桂萍主編	280 元
2. 自行車健康享瘦	中務博司著	280 元
3. 跑步鍛鍊走路減肥	平野厚等著	280 元

國家圖書館出版品預行編目資料

30歲以上的懷孕與生產／李芳黛編著
—初版，—臺北市，大展，民86
面；　公分—（家庭醫學保健；4）
ISBN 957-557-694-2（平裝）

1. 妊娠　2. 產科

429.12　　86002032

30歲以上的懷孕與生產

ISBN 957-557-694-2

著　者／李　芳　黛
發行人／蔡　森　明
出版者／大展出版社有限公司
社　址／台北市北投區（石牌）致遠一路2段12巷1號
電　話／（02）28236031・28236033・28233123
傳　真／（02）28272069
郵政劃撥／01669551
網　址／www.dah-jaan.com.tw
E－mail／service@dah-jaan.com.tw
登記證／局版臺業字第2171號
承印者／國順文具印刷行
裝　訂／協億印製廠股份有限公司
排版者／弘益電腦排版有限公司
初版1刷／1997年（民86年）4月
2　刷／2000年（民89年）9月
3　刷／2005年（民94年）4月

定　價／220元